BASIC BLOCKCHAIN

What It Is and How It Will Transform the Way We Work and Live

區塊鏈完全攻略指南

區塊鏈是什麼？會如何改變我們的工作和生活？

DAVID L. SHRIER

大衛・史瑞爾——著　鍾玉玨——譯

各界讚譽

大衛是長期鑽研金融科技的專家，本書讓一般企業高管能輕鬆了解什麼是區塊鏈。他也預告了一些讓人興奮的可能發展，有朝一日這些可能性也許能創造數兆美元的產業。

——克里斯・拉森（Chris Larsen），瑞波公司創辦人

任何一位想要了解區塊鏈這個破壞性創新技術的人，本書是必讀之作。它針對忙碌的高階主管與公職人員而寫，這些人清楚自己應該了解區塊鏈的技術及其應用，但苦於無法撥出時間透徹認識它……本書花不了你多少時間，從紐約飛往百慕達約三個半小時的航程絕對讀得完。幹得好，大衛。

——愛德華・大衛・伯特（Edward David Burt），百慕達總理與國會議員

大衛讓區塊鏈變得鮮活有趣，讓讀者深入了解它的用途，改善作業的透明度與效能。我深思該如何管理並優化一千一百億美元的投資組合時，我發現本書幫助很大。

——蘭迪・布朗（Randy Brown），永明金融集團投資長

區塊鏈已是我們日常生活的一部分，承諾重新定義信任，以及創造最佳治理系統，以利邁向數據經濟打造的美麗新世界，這是突破性的承諾。分散式帳本的功能是加強我們作為公民以及客戶的身分。大衛・史瑞爾這本書能幫助我們區隔哪些是資訊哪些是噪音……是決策者、監管單位、企業領導人可參考的一本完整而可靠的指南，能協助他們在一片喧囂聲中做出明智的決定。

——伊娃・凱利（Eva Kaili），歐洲議會議員兼科技未來委員會主席

區塊鏈可以改造一切，從金融服務、貨幣、付款的作業方式、保險與醫療記錄，乃至政府、執法等等。史瑞爾清楚說明區塊鏈在各種日常活動與商業行為中具備改寫現況，讓現況脫胎換骨的影響力。本書對於未來提供卓越而富遠見的觀點。

——海梅・貝穆德斯（Jaime Bermudez），哥倫比亞前外長，現為拉札德（MBA Lazard）投行的管理合夥人

獻給我的恩師，
感謝他們教會我在生活的點點滴滴裡尋找詩意。

目錄

來探索新世界！趁那時機未晚
起航吧！坐穩了各就各位擊槳
共破萬里浪
我將一心一意
駛往夕陽沉落的彼岸
亦即那淹沒閃閃星群的西方……

——《尤里西斯》，丁尼生（Alfred Tennyson）

前言

比特幣（Bitcoin）、區塊鏈（Blockchain）、加密（Crypto）。近來，你連番被區塊鏈革命的訊息轟炸，一分鐘也不稍停。比特幣從沒沒無聞，現在成了被全球嘲諷、憎恨、推崇、承認的對象。區塊鏈被譽為解決世上所有問題的解方，也被嘲笑為不過是美化Excel報表的工具，甚至慘被詆毀，稱它是精心設計的騙局。當然這些都無法回答根本的問題：什麼是區塊鏈技術？為何大家對它趨之若鶩？

從區塊鏈老手到最近才對區塊鏈好奇的人，大家之所以改而擁抱區塊鏈技術，主要是愈來愈憂心跨國公司大權在握，侵犯自由與隱私，造成政治不穩定與不平等。區塊鏈技術「恐」（could）影響我們生活的方方面面，也對諸多愈來愈嚴重的問題提供解決方案，這些問題係現有權力結構使然，包括貨幣、軟體，乃至政府等結構。

這裡的關鍵詞是「恐」。有很多工作待處理。

雖然比特幣一開始是為了貨幣革命，但是經過十年實驗下來，突顯這並非革命，其實是進化，而且可能是緩慢、斷斷續續的演化過程。

革命並非一帆風順，而是一團亂，也會破壞現狀。不幸地，我們對革命有這種預設偏見。改變讓人不安，對多數人而言，還會造成極大不便。回顧歷史，革命係因萬不得已才發生，社會已用盡了所有選擇，緊張態勢升高到臨界點。有些人主張，我們的社會已逼近這個引爆點；有些人認為，還遙遙無期。對我們這些站在第一線的人而言，感覺是一場革命，但對於站得遠遠觀察的人而言，可能更像進化。

區塊鏈技術結合其他創新技術，係對當前社會、政治、經濟等壓力，做出的進化式回應。比特幣在二〇〇八年金融危機中誕生一點也不足為奇，該幣是直接回應中央銀行與量化寬鬆造成的威脅。隨著更多更新的威脅，世界會繼續進化與調適。現有的系統與制度不足以解決各種新問題。我們還在建立相關新系統的初期階段，打造新型平台、產品與服務所需的大多數基建都還未問世。

更重要的是，建置區塊鏈所需的意識形態與心理框架，尚未能以大多數人能夠理解的方式加以普及化與社會化。我們現有世界架構造成的問題才開始浮現，因為我們才開始慢慢理解過去二十年來，網際網路問世後，我們所做的一系列選擇，如何讓我們受困於一條無法永續發展的道路，並對人類的未來深感不安。

你聽到關於區塊鏈的許多對話，以及本書詳述的諸多內容，其實都不是關於技術面。反之，針對區塊鏈的分析多半聚焦於想像這種新技術未來有哪些可能性，以及想像作為人類，會出現哪些思考、組織，與他人互動的新方式。還有，別忘了與機器的互動方式（也許機器人會成為我們未來的主人呢）。區塊鏈可重新定義技術與個體之間的關係，創造一組全新的社會、政治和經濟工具，以利保護隱私、主權、用戶的選擇權等等，同時提高連線程度、效率與數據存取。這是一個值得投資的領域，但頗具挑戰性，無法靠一家公司（或技術）獨力完成。

雖然網際網路催生了一波新經濟活動，也帶出嶄新的人類互動與連結模式，但網路也點出讓一小群人霸占廣袤數位領域的危險性。區塊鏈技術的一部分動力出自大家希望改變這個嶄新數位的權力結構，盡量避免由某個實體（不管是公司或政府）控制這個攸關世界成長與進化的載體。

今天我們生活的世界裡，守門人有十足的動機把我們排除在外。現在是年輕人的「文藝復興」，是傳統上被社會排擠人士的文藝復興，是堅持和別人完全不一樣異類的文藝復興。守門人雖然意識到，他們必須讓新現象發生，因為這是世界自然演化的過程，但是他們會對抗它，因為這會威脅他們的地位，然後他們會嘗試收編它。

這就是我們面臨的挑戰：我們如何讓改變成真，而不會沖淡我們一開始的理想與原則，以及我們對未來的信心？將來不該是過去的翻版。我擔心，今天「區塊鏈」的諸多應用不過是在既有架構上錦上添花，亦即只是些花拳繡腿的創新，對現狀不會造成實質改變。我們必須打破藩籬與孤島心態——技術、社會、政治、經濟障礙，讓我們渴望的未來成為可能。我們必須仰賴科學、數學、設計和理性，搭建橋樑、撰寫故事、建立緩衝區，順利從今天的世界轉型到我們覺得應該存在的未來。

當我們從現在邁向未來時，我們每個人都有責任做出一系列選擇，包括選擇接受／拒絕什麼，選擇認為可能／不可能的事。希望那些激發過去維持十年創新的想法（首先是比特幣，然後進化至區塊鏈）能夠催化出一系列前所未見的新選項，打造一個新世界，在這世界裡，我們人類可以自主選擇、同意與行動。

我在麻省理工學院唸研究所時，開始和本書作者大衛．史瑞爾合作。他當時在媒體實驗室，我則在史隆管理學院。我還在摸索自己的人生旅程，老問自己「為什麼」時，我會定期出現在大衛的辦公室，要求他應該開課教導學生認識什麼是加密貨幣（Cryptocurrency）、貨幣史、比特幣原理，以及世界各地創業家如何利用這技術，設法解決各式各樣問題，創造各種機會。

本書、大衛、我本人，加上其他人，過去多年來的努力與合作，無非是為了讓有關區塊鏈的學習能夠跨學科，同時能夠更上一層樓，從「怎麼做」的工具書（實用的技術性對話），進化到為什麼的層次，這才能夠激勵大家的熱情與想法。

所以，為什麼是區塊鏈技術？

請繼續讀下去，答案就在其中……

——梅爾登・狄米洛爾（Meltem Demirors），牛津大學區塊鏈技術專案共同策劃人

緒論

被證明不可能之前，一切皆有可能，只是你得變得更有創意。

——史考特．帕拉辛斯基（Scott Parazynski），物理學家、實業家、資深太空人

全球五大洲，除了南極之外，每一洲都在進行一場革命。該革命並非由覬覦罌粟田這個「金礦」的武裝叛亂分子主導。也不是由一小群矽谷菁英指揮，他們深信在矽谷大街「沙丘路」（Sand Hill Road）十五分鐘車程之外，要創造資產價值猶如天方夜譚。也不受政府後勤部門老派作風的官僚掌控。亦非跨國民生消費品公司推出的吸睛新品（號稱可在短短幾分鐘之內讓臀部甩掉好幾磅肥肉）。上述這些團體都想控制、擁有、影響或善用這股革命性力量，但沒有一個可以獨占方向盤，獨力掌控這輛狂飆於午夜創新高速公路上的

氮氣拉力賽車。

毋庸置疑，本書的主題圍繞區塊鏈打轉。區塊鏈誕生於一個政府資助的研究機構，這個低調隱匿的機構專門研究名為拜占庭共識（Byzantine consensus）的賽局理論（博奕理論）；擁護區塊鏈的支持者包括毒販、想辦法把不義之財漂白的罪犯，以及對於建制派各種言而無信的承諾感到失望的自由至上主義信徒（libertarians）；希望改善窮人融貸途徑的實業家加速了區塊鏈的發展；企業巨擘被區塊鏈可望省下數十億美元成本的潛力所吸引，出資挹注區塊鏈研發；區塊鏈預告弱勢族群可享的金融普惠與法律普惠（legal inclusion）的新時代即將來臨，而消費大眾亦可受益於更低廉的產品與服務，但恐讓世界各地執法專業人士更為焦慮。

區塊鏈受到熱議，炒作一波接著一波，已至如火如荼的程度，相關現象沒有最荒誕，只有更荒誕。例如有次在達沃斯世界經濟論壇的招待會上，我發現一個廣為人知的詐騙高手，熱情地擁抱一位名聲赫赫的區塊鏈執行長。一群有抱負有野心的高管開發的加密貨幣，追捧者竟是不按牌理出牌的瘋子。擅於諧仿的山寨高手，開發了成功的代幣系統（好吧，一個具備非同質交換價值的系統），天馬行空幻想著與炒蒜扯上關係。全球先進政府以及重要的非政府組織，積極打擊貪腐、浪費、詐欺，靠的是以區塊鏈為基礎的金融科技，以及記錄保存系統。

本書一開始將探討區塊鏈的歷史，介紹它可能的祖師爺中本聰（Satoshi Nakamoto），搞不好連這名字都是假的。區塊鏈的誕生是因應二〇〇八年金融風暴，及其後續的經濟與社會危機。由於大家已不再信任傳統的金融系統，讓第一個蔚為流行的區塊鏈產物——比特幣，有了受眾。我們也會檢視以太坊（Ethereum）和瑞波幣（Ripple）等其他區塊鏈產物，隨後是怎麼進展的。本書讓大家進一步了解驅動區塊鏈的核心技術，包括靠雜湊算法進行加密的技術（cryptographic hashes）以及網路理論，所有這些知識都是從一般讀者的角度出發，希望能讓大家對於區塊鏈的運作原理有足夠的認識，進而評賞區塊鏈可能的應用與發展。

我們將探討在區塊鏈達人之中，具備強烈意識形態的人士與技術官僚之間有哪些理念上的分歧。其實讓這些精通區塊鏈的達人爭論不休的是，到底貨幣該不該由政府、企業或一群匿名的個體掌控。本書也會探討區塊鏈本身固有的一些道德問題。亦會探討非營利組織與政府如何將區塊鏈大規模應用於社會理念，包括在法治低落的國家保護智慧財產權，乃至野心勃勃提供地球上每一個人一個數位身分。有了非對稱權力中心，新版軍備競賽陸續浮出檯面；在現實政治（realpolitik）舞台，冰島小歸小，但實力不容小覷，就算和俄羅斯相比，也在伯仲之間。

區塊鏈目前面臨了一些挑戰，未來還會迎戰更多。近在眼前的關鍵難題包括規模化（scaling，區塊鏈的規模化進行得並不順利）、運算能力、速度（區塊鏈相當耗電，也占用大量的電腦週期，因此速度相對慢），而區塊鏈的管理人是分散在各地的個體。長遠而言，有些問題是因為比特幣的完整性（integrity）主要被位於中國大陸的六七家公司所控制，這和比特幣的精神相悖，畢竟比特幣是一種不被少數節點控制的貨幣。更多類似瑞波的「企業」區塊鏈，可能會受到政府施壓，要求導入所謂的「後門」，讓政府可以監看由這些企業負責維護與管理的網路，並取得網路上流動的數據。量子運算等新興技術可能打破區塊鏈賴以建立的加密技術。區塊鏈結合人工智慧，大大打亂了金融服務業的就業，也許多達三〇至五〇％現有銀行員工可能變成冗員。簡言之，區塊鏈技術的出現給社會以及道德倫理都造成了深刻影響。呼籲「負責任的創新」應運而生；例如，應用某個新技術卻造成大量人口失業，我們還該採用這個技術嗎？

當你發明了一種不可篡改的數據記錄方式時（如區塊鏈），另一個微妙的問題也會跟著出現：如果數據品質不好怎麼辦？萬一數據進入帳本（區塊鏈）前就被破壞了怎麼辦？或是如果有人故意將糟糕的數據混入不錯的記錄保存系統怎麼辦？現在你有了一筆刪不了的錯誤。假設這個數據保存系統係用來管理某國的公民身分，或是記錄誰擁有了什麼資產，那麼這類無形的數據毀損（data corruption）造成的具體衝擊很快會顯現出來。

監管機構正在傷腦筋如何管理這波激進的運動。無疑地，該運動的支持者奉技術至上的意識形態，迷信程度已超越單純地以技術為尊。一些國家，如南韓，已採取行動，對許多有趣的區塊鏈應用加以設限。但其他國家，如瑞士與新加坡，敞開大門歡迎。美國聯邦政府反應謹慎，至於各州反應不一，如懷俄明州、蒙大拿等放寬了規定，提供更友善的環境。反觀美國金融之都紐約卻頒布了不利創新的虛擬貨幣牌照（BitLicense）制度，與上述幾州形成鮮明對比。歐洲樂得填補紐約逼不得已讓出的空檔，歐盟議會針對區塊鏈提出新的法規，希望刺激創新，並成立歐盟區塊鏈觀察站與論壇，加快試行步調。

一個奇怪的趨勢正在成形。勇於創新的新創公司，獲得資金挹注的典型方式是找到金主，而金主多半是群聚在北加州某條街上的幾家創投公司，從第一家到最後一家總長度也不過短短幾英里。而今新創公司融資方式在很大程度上已完成民主化，程度之高是探索時代（又名海權時代，十五—十七世紀）阿姆斯特丹冒出大量咖啡廳之後首見。全新的融資載具（financing vehicles）紛紛冒出頭，統稱為「初次代幣發行」（ＩＣＯ），靠眾籌（crowd capital）理論為支撐砥柱，而眾籌管道則是Telegram與Instagram等社群平台。在有些國家，這些募資活動統稱為「證券發行」（securities offerings），相關的規定、通報、投資人保護等，都與較傳統、受到更多監管規範的金融工具（如股票或債券發行）類似。但在其他國家，或許看到了創造全新經濟價值的機會，增加稅收之餘不至對所在國的社會與環境造成負面衝擊，所以選擇較寬鬆的監管方式。還有一些國家乾脆創造一個新的資產類別，名為「證券型代幣」（securities tokens）。有關這個衍生的風險，我們稍後將會細論。

同一時間，實業家也建立懷抱雄心的新平台，試圖改變我們在地球以及地球以外環境的工作、生活、娛樂方式。（的確，有數款「太空貨幣」正在研發中）。幾個大家想像不到的地方，諸如波多黎各的聖胡安、愛沙尼亞的塔林（Tallinn）、巴布亞紐幾內亞的莫爾斯比港（Port Moresby）等，匯聚了數位相連、網路互聯的先驅，試圖改寫大家與企業、社會相連的方式。

現在就加入我們的行列，踏上分散式帳本的野生叢林之旅……

第一部

基礎

第一章
比特幣的崛起

重點須知

■ 區塊鏈是一種特殊的數據庫（database），成立的初衷是為了支持一種新型的數位貨幣——比特幣。

■ 區塊鏈的崛起係因在我們喪失了對體制的信任，在這些地方，我們需要一種數位信託（digital trust）。

■ 區塊鏈制度之所以行得通，係因有聰明的數學做後盾。區塊鏈實現了一致協議，或者說「共識」，參與方可在無須信任彼此的基礎下，就什麼是真（what is true）取得一致協議。

■ 區塊鏈系統也可崁入經濟誘因（economic incentive），在分散各處不同人擁有的多台電腦上操作一個大型網路。

想像我們站在漫天飛沙的戰場裡，軍隊團團圍住某個城市，士兵臉上沾滿了鮮血與汙泥。捲入拜占庭帝國複雜宮廷政治角力的競爭對手，現在合組了一個不牢靠的聯盟，赴戰場坐鎮指揮。如果這幾位將領能齊心協力克敵，不難攻下一城。抑或如果他們能讓軍隊有序地撤退，士兵可保住一命，來日再戰。但是如果有些將領進攻，有些將領怯戰跑了，或是其中一兩個將領被敵軍賄賂收買，軍隊將全軍覆沒。然而讓問題更複雜的是，他們看不見彼此，只能透過信號旗幟交流，或是請人在營帳間穿梭傳話，協調攻勢。

如果有人從中攔截消息怎麼辦？如果某位將領收了敵軍的賄賂，故意送出錯誤訊息並危害自己的同胞怎麼辦？

如何協調行動，讓一群互不信任的將領能一致地進攻或撤退？

以上描述了在古代拜占庭帝國發生的戰役，儘管虛構，卻構成一個真實存在的數學問題與基礎：如何在彼此不信任的環境裡建立信任。史丹福國際研究院（ＳＲＩ）研究員雷斯利．蘭伯特（Leslie Lamport）、羅伯特．蕭斯塔克（Robert Shostak）、馬歇爾．皮斯（Marshall Pease）等三人和美國航太總署（ＮＡＳＡ）合作時，提出了拜占庭問題這個思想實驗。他們這篇完成於一九八二年探討冷僻難懂賽局理論的論文[1]，後來成了區塊鏈的基石之一，並聲名大噪。有關「拜占庭將軍難題」（Byzantine Generals Problem）的經典敘述裡，只要三分之二的參與系統夠忠心，一致同意訊息或決策是真的，系統就會如預期的方式發揮功能。用這個方法打造的電腦網路，我們稱之為「拜占庭容錯」（Byzantine fault tolerant），意味三分之一的電腦出現問題，三分之二的電腦正常作業下（反之亦然），系統依舊可正常作業，但須內建容錯備援（redundancy）。若你把一台電腦崁入太空船內，電腦顯示氧氣系統故障，或是引擎失靈，你不能光叫一批維修技工檢查通報的故障是真是假，或檢查電腦是否出了問題。你需要多台電腦，作為備援之用。也需要一套機制，諸如拜占庭容錯功能設計，用於確定這問題的真假，或是確定問題是否出在電腦。航太總署將拜占庭容錯功能納入太空梭的電腦設計裡。

將時間從一九八二年快轉到二〇〇八年。當年過熱的房地產出現泡沫破裂，撼動全球金融體系的根基，在一窩蜂炒作與過度投機之下，冒出許多「富人」（haves，從緊縮中獲

---

1 Lamport, L., Shostak, R. and Pease, M. (1982) 'The Byzantine Generals Problem.' *ACM Trans. Program. Lang. Syst.* 4 (3): 382-401.

利的人），但更多的是淪為「一窮二白的人」（have-nots）。大家對於財富過度集中於少數人手中，以及周遭充斥的貪腐現象，愈來愈失望。金融泡沫不過坐實了他們的恐懼與疑慮，證實「那個人」（The Man）控制他們的生活、剝奪他們的財富。

這時出現了中本聰。他是誰，沒有人知道。有些人嘗試冒充他，但我有一些精通區塊鏈的達人朋友認為，中本聰是化名，代表一群志同道合的軟體開發工程師。為了本書，姑且把中本聰視為神祕、反傳統的天才。

二〇〇八年十月，他發表一篇名為〈比特幣：點對點電子現金系統〉的論文，[2]描述了已被大家熟悉的區塊鏈核心要素。他援引近三十年前的拜占庭共識，結合其他專案倡議的要點，提出一種全新的「零信任」（trustless）網路貨幣，其關鍵要素如下：

（一）分散式記帳，用以追蹤某個數位貨幣，意味數據庫有多個副本（分身），這些副本會一起自動更新。

（二）拜占庭共識管理帳本上的更動。

（三）加密貨幣，維持交易安全。

（四）以「挖礦」為誘餌，鼓勵大家耗盡電腦運算資源來挖幣，以便維持該數位貨幣的運作。

（五）兩兩交易形成的「區塊」被所謂的「梅克爾樹」（Merkle Tree）串連起來，構成無法改變的記錄，稱為一個「區塊鏈」。

接下來我用非常簡化的方式解釋比特幣區塊鏈的運作機制與流程。解釋不會太偏技術，但你若對區塊鏈技術之於商業或社會的應用更感興趣，這些解釋還是會有些難度。簡言之，我將解釋我們如何建構數位信任，即便在一群彼此零信任的陌生人之間建立區塊鏈也沒問題，有了區塊鏈，再也無須第三方作為可被信任的交易中間人。

我建議大家，試著讀讀看這些內容，若覺得有些吃力或卡關（本書的辭彙表也許能幫些忙）。不過，若你實在覺得太吃力，可以隨時跳過本章，直接進入第二章，該章描繪區塊鏈大熱的現象，畢竟在連番炒作之下，愈來愈多人對它既興奮又激動。

---

2 Nakamoto, S. (2008) 'Bitcoin: A Peer-to-Peer Electronic Cash System.' Bitcoin.org, 31 October 2008

分散式帳本

網路或數據系統的基本問題之一是易受駭客攻擊或入侵。如果把所有的雞蛋都放在同一個籃子裡，駭客只須進入一個系統，就能改變你銀行帳戶裡的金額，或是某人的犯罪前科記錄，甚至他們的身分。

另一個問題是中央管控。如果所有的記錄（如誰名下有土地）都由政府統一保管在一個地方，而你碰巧不信任這個政府，那麼遲早這系統會爆出問題。或許你有十足的理由搞破壞，比如這個政府貪贓枉法，將資產竊為己有。

或許政府會貪汙沉淪，畢竟公僕可以被收買。在催生比特幣的時代，不少人對美國政府以及幾個七大工業國（G7）的政府都有這樣的感覺，但是要求保障數據安全的呼聲超越了以政治手段催生區塊鏈技術。

如果我們有一本檔案簿，一本帳本（ledger），而這帳本有很多一模一樣的副本，情況會不同嗎？

如果這些副本能互相溝通，並自動更新記錄，在網絡中創造韌性與彈性，萬一哪個副本遭到蓄意破壞，例如被某人以詐騙欺瞞的手段將錢財挪作私用，其他副本可以修復這個漏洞嗎？

帳本不會由中央統一控管（若單點故障就會整體故障），取而代之的是「分散式帳本」，不再信任單一實體（例如政府），改而信任技術與點對點網絡，從本質上保持系統誠實可信。

值得注意的是，所有區塊鏈都是分散式帳本，但並非所有分散式帳本技術（Distributed Ledger Technology, DLT）都是區塊鏈。

這術語（分散式帳本）很容易讓人混淆，尤其不同的人會用不同的字指涉同一件事。例如，以太坊（靠智慧合約協議大受歡迎）的創辦人維塔利克．布特林（Vitalik Buterin）使用去中心化（decentralised）一詞，而其他人使用有六十年歷史的網路理論——分散式（distributed）一詞。我們稍後會討論以太坊，但為了一致性，也為了不讓大家抓狂，我們把區塊鏈歸類在「分散式帳本」的類目下。

拜占庭共識／拜占庭容錯

拜占庭容錯提出一種方式，可以更好地管理決策者網絡（在此舉的例子是資料儲存設備網），每一個儲存設備都是一個「節點」（node）。要改變儲存在網絡中的資訊，你得說服五一％的節點該訊息有效。現在我們把這個訊息分傳到一萬個節點上，在一萬個節點形成的網絡裡，你得在很短的時間內破壞五千零一個節點，才能將有瑕疵的資訊放入網絡。要做到這點，運算成本並不便宜，至少高於執行信用卡網絡，以及證券電子式下單的運算成本。這方法有失有得，失的是：取得節點共識被吃掉的運算速度，得的是：大家對這個網絡的信心。換句話說，你建立了數位「信任」。唯有透過一絲不苟的數學以及運算，才能讓一群對當權者心存疑慮的人（例如最早擁抱比特幣的人）放心地和網路上的陌生人交易，並接受交易的結果。別忘了，這是一群反威權人士（諸如理想主義者、對一切抱著奇高無比好奇心的學者與業餘玩家，乃至洗錢罪犯）所組的鬆散聯盟。儘管有諸多努力，希望優化共識（讓網絡更銅牆鐵壁，或是更有效率與可擴展），但是區塊鏈的基本概念是在那篇一九八二年SRI論文中確立的。

區塊與梅克爾樹

區塊鏈得做到「不容篡改」(immutability)。這代表什麼意義?

這個嘛,其中一部分涉及如何在不受信任的系統中建立信任,方法是讓每個人都能看到每筆交易的記錄,而且記錄不能被篡改。這讓你深信每筆數據均完整準確、前後一致,這點的重要性是重中之重,包括可讓你確信,有人的確轉了一筆錢給你;或是如果我用數位方式給你一美元,我便無法在其他地方花掉那一美元(否則就出現「一元兩花」的問題)。如果是實體貨幣,例如我給你一張紙鈔、一枚硬幣,或一個實體代幣後,你我都清楚,我沒了那貨幣,換成你擁有。在數位世界,我只須複製要給你的數字貨幣(一與〇),那麼我們如何保證只有你擁有那一單位的貨幣而我沒有呢?在傳統的銀行業,你我相信身為第三方的銀行會誠實地把那一單位從我的帳戶中扣掉,然後把那一單位加進你的帳戶中。

如果我們不信任銀行怎麼辦?一如二〇〇八年金融危機期間與之後許多人的感受。我們從數學上解決了這個問題。我們推出新的記帳(會計)機制,數據庫受到周全保護,安全無虞，可算出誰擁有什麼，確保我的帳戶被扣除一個單位，然後把這個單位放到你的帳戶裡。

梅克爾樹是一種有趣的數學算式，有助於建立不可篡改的交易史。透過梅克爾樹，你對一個數字進行一系列計算，第一階計算得出的結果被輸入上層的第二階，進行第二組計算，第二階計算得出的結果被輸入上層的第三階進行第三組計算，以此類推。這意味，你不可能在改變第二階的輸入內容時，不影響第三組的計算；你也不可能在改變第一階的輸入內容時，不影響第二階與第三階的運算，以此類推。這些不同階段的運算兩兩相連，形成樹狀結構。不妨參考下圖，從

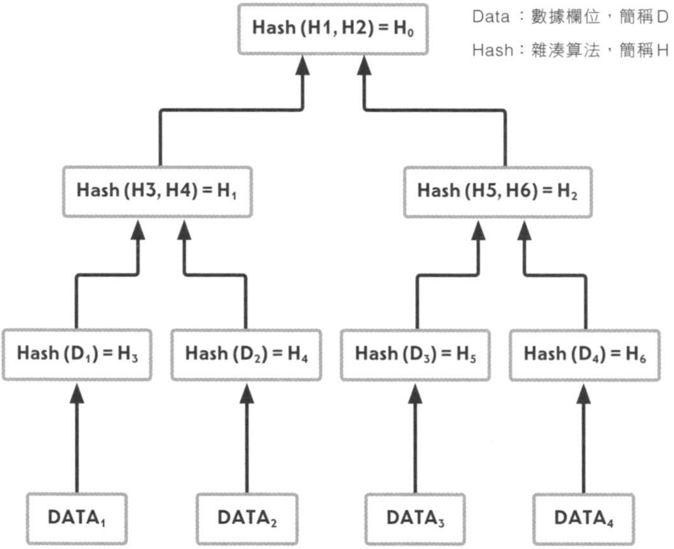

底部開始一路向上，會發現各個數據內容如何相連形成這棵樹。

你不可能砍掉樹中間的一段而不讓樹的頂端崩塌，因為每筆輸入與運算彼此相連，所以整個運算序列有其完整性與一致性。

如果我們把一組不相關的交易組合在一起會怎樣？比爾把錢給了蘇珊娜，瑪麗把錢給了佛雷德，戴維斯把錢給了穆罕默德。這些人都不認識彼此。但是這些不同的金融交易記錄透過數學運算被捆綁成一個單位，或稱為「區塊」。當你在區塊上進行加密運算時，已經將每筆交易相連，所以你做不到牽一髮而不動全身（不可能改變其中一個而不會改變其他所有交易），因為所有輸入內容都是該區塊運算結果的一部分。

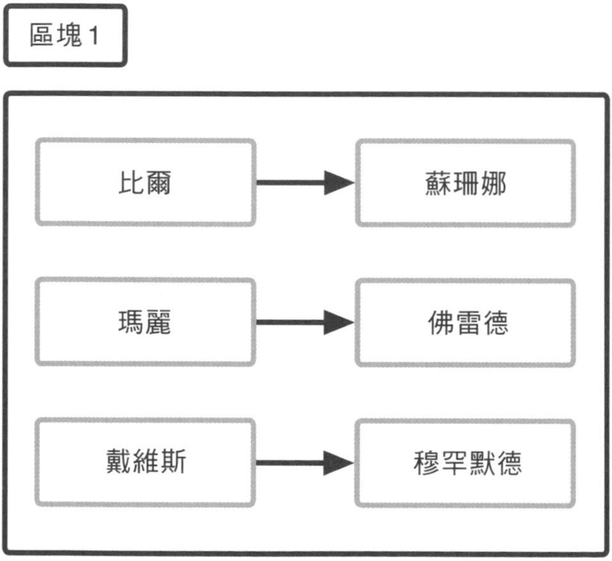

然後蘇珊娜將一部分的錢轉給亞契，佛雷德將錢轉給昆丁，以此類推，形成另一個區塊。

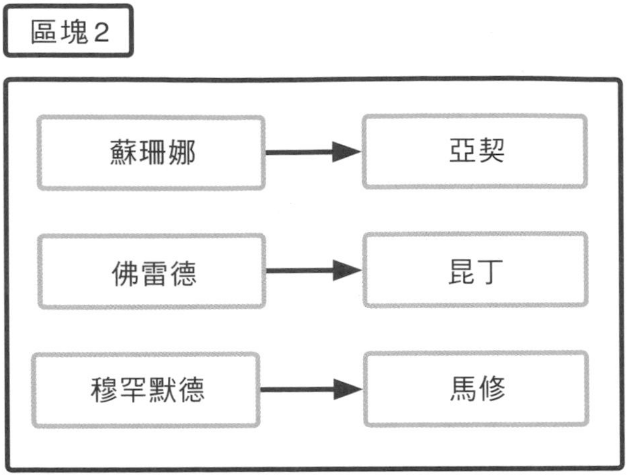

你利用第一區塊運算的結果，輸入數學公式，作為計算第二區塊的資源。

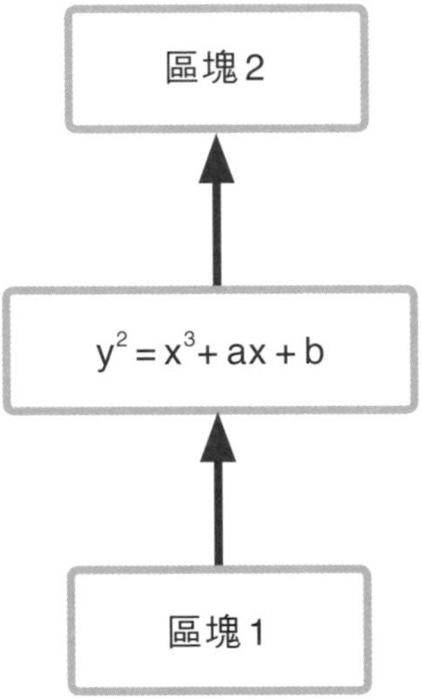

利用一個區塊的輸出結果，輸入作為下一個區塊的一部分資源，結果將幾個這樣的區塊捆綁在梅克爾樹裡（鏈），形成所謂的「區塊鏈」。這個區塊鏈很難讓一筆假記錄有容身之處，因為你得改變每一筆運算，才能變更其中一筆交易記錄。

這概念有時被稱為「工作量證明」（proof of work, POW）。工作量證明一詞源於一九九九年，由馬克斯・傑克布森（Markus Jakobsson）與阿里・朱爾斯（Ari Juels）提出，[3]目的是對抗分散式阻斷服務攻擊（DDOS）之類的駭客行徑。在DDOS攻擊中，網路罪犯會招募一批電腦大軍，快速而重複地向網路伺服器發送各種垃圾封包，直到網路伺服器不堪負荷而癱瘓。你可以想像一群殭屍在一個瘋狂科學家的指揮下，攻擊城堡。這類攻擊無須身懷絕技，但是若人數夠多，不斷猛擊城堡牆壁，城牆還是會裂開。若要對抗DDOS攻擊，得逼迫每台發動攻擊的電腦做一個中等等級的複雜運算，讓它必須花很多時間與動員很多台電腦完成運算，以致於無暇癱瘓網絡。進一步延伸殭

3 Jakobsson, M. and Juels, A. (1999) 'Proofs of Work and Bread Pudding Protocols (Extended Abstract).' In Preneel B. (ed) *Secure Information Networks*. IFIP – The International Federation for Information Processing, vol 23. Springer, Boston, MA.

屍的比喻，這就像逼迫每一個殭屍必須先完成幾個複雜的舞步，才能對城牆揮拳。結果DDOS攻擊無效，而城堡（你的網路以及儲存在裡面的數據）安全無虞。

你需要工作量證明與梅克爾樹，否則網路罪犯可能只須把整棵樹重新運算一遍，以利輸入造假內容。當然工作量證明並非唯一的解決方案。例如，愛沙尼亞的比特幣使用私有區塊鏈（僅有獲得同意的節點可加入）而非公有區塊鏈（無須獲得同意就可加入成為節點）。愛沙尼亞想出了辦法，可在沒有工作量證明的情況下，依舊保持數據的完整性與一致性：他們每個月在《紐約時報》刊登梅克爾樹頂部節點的雜湊值（top hash）。

但是整體而言，工作量證明較受青睞，尤其在缺乏可信賴機構（如政府或有公信力的媒體）代管下，更須藉助工作量證明。它與拜占庭容錯同步運作，目的是創造有韌性、有備胎的網絡，以確保數據庫的安全性。換句話說，就是建立數據信任。還有其他多種技術用於建立數位信任，例如股權證明、授權證明等等。但是本書裡，我會用工作量證明說明區塊鏈達成共識的機制，因為它是支撐最大的區塊鏈（比特幣區塊鏈）的支柱。

我在這個例子中，使用金錢讓大家更易理解區塊鏈的概念，但實際上，金錢只是數據，是一系列的一與〇。這類區塊鏈可以用任何類型的數據組成，不僅僅限於金融數據：

例如，區塊鏈可保存臨床試驗的醫療記錄、追蹤出現在家裡餐桌上食物的生產履歷、記錄房子與土地所有權的交易記錄。

挖礦

挖礦（mining）是區塊鏈裡非常吸引人的概念。我們不妨把拜占庭共識、梅克爾樹、區塊等這些老友集合在一起，再加點競爭成份到這個混合體裡。由於可遵循一條以上的數學路徑讓數據（data）形成某個區塊，所以我們得找出其中最有效率的一條路徑。

如果給出報酬請人計算哪些數據可形成區塊呢？例如上面所舉的金融交易，牽涉的金額是十英鎊。我們若提供十便士當獎金，請人花算力（calculation）將三個不相關交易打包成一個區塊，但只有最先正確完成該任務的人可以獲得十便士獎勵。擁有電腦以及可取得便宜電費的礦工可能願意做這份工作，以便賺取一些外快。我們稱這十便士是「挖礦費」（mining fee）。許多礦工會較勁，以便獲得挖礦費，最後數學上被證明最有效率的算力將出線，成為競爭的贏家。

挖礦費激勵了數千人將軟體載入電腦，進行讓區塊鏈運作所仰賴的複雜運算與交易。雖然區塊鏈非常安全，也精於產生不可篡改的記錄，但也非常燒錢，因為進行複雜運算時，消耗的電腦循環次數非常可觀。如果你不想在亞馬遜雲端運算服務平台（AWS）購買一堆的電腦或伺服器時間，怎麼辦？透過挖礦獎勵，將工作外包給眾人接手（眾包），每人分擔一小部分，讓這些高度分散的礦工，透過自己電腦的運算能力，幫你解決複雜的數學運算。

一如區塊鏈的其他面向，號召一群礦工在分散的電腦網絡上進行運算，在「眾包」背後的概念一點也不新鮮。這種分散式數學運算的概念不乏前例，其中SETI@home與Folding@Home是兩個最廣為人知的分散式眾包運算專案。

以SETI@home（在家搜尋外星情資）為例，天文學家設法解碼天文望遠鏡蒐集到的無線電訊號，看看能否找到透露有外星生命存在的模式。一如許多學者，該計畫雖然充滿雄心壯志，卻面臨長期資金不足的問題。隨著個人電腦在一九九〇年代愈來愈普及，研究員大衛．蓋迪（David Gedye）、伍迪．蘇利文（Woody Sullivan）、丹恩．維特默（Dan Werthimer）、大衛．安德森（David Anderson）等人想到一個點子，若提供一個程式碼，讓大家下載到電腦裡，只要他們的電腦「閒置」時，大家會願意隱身在幕後，把電腦空出的算力貢獻給一些複雜的分析。他們有這想法，完全是因為覺得這想法很屌。同理，Folding@Home也是一個眾包的分散式運算專案，針對蛋白質如何折疊進行大量的分子生物學運算，以便分析新的救命藥物。一如SETI@home，研究員也沒有資源購買所需的所有運算時間，因此外包給眾人，用分散式網路代勞。

現在我們把SETI@home的分散式運算概念應用於創造一種新的貨幣。我們獎勵大家參與運算，為的不是協助搜尋智慧外星人這類崇高的使命，而是為了多賺些錢（涵蓋字面與比喻上的意義）。這個分散式運算是為了建立不同於傳統金融系統的替代品，因為率先使用區塊鏈的先驅多半是理想主義者，希望比特幣成為美元或歐元等「法幣」（fiat currency）的替代品。僅僅因為你想利用一個想法賺錢，不代表你沒資格成為理想主義者。

區塊鏈內建的挖礦報酬經濟學，我們有了數千名礦工參與這個網絡。但是假設你對區塊鏈的金融貨幣應用特別感興趣（相較於數據管理的區塊鏈）。假設你不想要一個通膨看不到盡頭的貨幣（政府不斷印鈔票所致）。比特幣因此應運而生，中本聰刻意讓比特幣維持稀有性，讓比特幣具有投資價值。他嚴格規定總供給量是兩千一百萬枚，並將這個上限寫入程式碼裡。隨著愈來愈多比特幣流通，就愈不容易創造（或挖出）新的比特幣，因此供應速度會自動下降。和黃金一樣，比特幣的總供應量有限。因此在某些國家，類似比特幣這樣的加密貨幣被視為非貨幣的商品（一如黃金），因此會被監管。

加密貨幣

接下來我們要討論一個重要概念。你可以說，數位貨幣不過是一連串的位元（bits）與位元組（bytes），所以你自己也能創造（發行）更多數位貨幣。你當然會說，美國政府為了挹注國庫，不也是猛印鈔票嗎？話是沒錯，美元並不與任何商品掛鉤，美元的價值到底值多少，端看大家願意接受它價值值多少（不管這在美元接受者心中意味著什麼），美元獲得支撐靠的是「對美國政府的充分信任與美國政府建立的信用」。現在想像一下，一群電腦程式設計師在伺服器上「鑄造」貨幣，而非印製美元。因為使用了加密技術，所以稱這種數位貨幣為「加密貨幣」。

回顧一下，比特幣誕生時那個信任匱乏的時代，人們普遍地不滿傳統金融系統，也對傳統機構（諸如政府與企業）愈來愈失望。中本聰想要一個和黃金一樣、發行量有限的貨幣，而非像美元一樣可以無限印製的貨幣。他在比特幣的程式碼裡寫入了一些巧妙的心思，讓比特幣成為具有稀缺性價值的數位貨幣。

首先，可被挖出的比特幣總量有個內建上限，大約是兩千一百萬枚。這些比特幣是透過形成新的區塊而誕生，區塊與區塊互聯形成區塊鏈。礦工每挖出新的比特幣之後，接下來新區塊形成的速度會放緩。理論上，除非一群被稱為「比特幣核心」的數百位開發人士決定更改這個電腦程式碼，這群核心人士（控制比特幣伺服器的人）繼而上傳新的程式碼，形同投票接受改變程式。除此之外，比特幣總量總有一天會到達上限（總有一天被挖完），然後會因為稀缺性而升值。

不過為了讓事情更刺激有趣，據信超過一千萬枚比特幣已永久從人間蒸發。也許你忘了取錢的密碼鑰匙，或是報廢了存有比特幣數據的電腦。中本聰似乎沒有花掉他一開始挖礦獲得的一批比特幣，所以現在能交易的比特幣少了很多，也許總量只有一千一百萬枚。

比特幣常被奚落，拿來和始於一九八〇年代的豆豆娃（Beanie Babies）收藏、炒作旋風相提並論，但兩者根本不同，因為比特幣的確有價，而其價值不僅僅在於它的稀缺性。比特幣也有助減少金融系統內的摩擦，例如跨境匯款至肯亞，你可能只需支付一・五%甚至〇・一五%的手續費，而非一五%。靠的是使用比特幣系統，這可省掉層層中間商以及過時的匯款技術。我想說的是，至少在今天，附加於比特幣的價值已大於零。我無法告訴你未來每枚比特幣是否會破兩萬英鎊，還是值一千英鎊或一百英鎊，但是至少今天它已破零。

其他加密貨幣也是按照這種稀缺性模式。寫作本書時，這些數位貨幣的票面市值已破了數千億英鎊。我在寫加密貨幣的價格時得非常小心。我在二〇一六年撰寫第一本有關金融科技（FinTech）相關書籍時，比特幣市值已破七十億英鎊，二〇一七年秋發表演講時，飆破四千億英鎊，而今把比特幣（BTC）以及分家的比特幣現金（BCH）加在一起，市值大約在一千五百億英鎊左右盤旋。當你讀到本書時，價值可能又不同了。（我不知道會走高還是下降）。

我意識到，我也在描述一種可用於龐氏騙局的結構：已經在網絡裡的人，從剛加入網絡的新人身上吸金。實際上，義大利研究員馬西莫・巴托雷提（Massimo Bartoletti）、薩爾瓦多・卡塔（Salvatore Carta）、提茲亞納・席莫里（Tiziana Cimoli）、羅伯托・夏亞（Roberto Saia）等人在二〇一七年研究了逾一千五百個區塊鏈發行的代幣產品，發現超過一〇%是不折不扣的龐氏騙局。有些人對此表示驚訝，認為這比例低得離譜，稱濫用區塊鏈的騙局比比皆是。

與其他許多新技術一樣，隨之而來的經濟價值吸引不少騙子，他們利用大家對新科技的興奮之情、尚未搞清楚新興科技是怎麼回事、不解什麼是代幣化之前，就從中尋找上下其手的機會，而不當獲利。但這不代表這個新興科技的機會已死，無法更廣泛地加以應用。但若你打算對區塊鏈相關的資產做些投資（投機），還是要謹慎操作。買家自己要小心（Caveat emptor），做好你的盡職調查。

安全

我們回到信任這個主題，以及如何建立一個安全的數據系統。比特幣區塊鏈創建之初，用的是橢圓曲線加密（Elliptic curve encryption）。加密的基本原理之一是多長的字符串組成「密鑰」，用於「上鎖」和「解鎖」（加密與解密）數據。由「a123」字串組成的密鑰，安全性不如「abc12345678」組成的密鑰，因為駭客得嘗試更多的組合才能破解密碼。橢圓曲線加密使用聰明的數學算式，因此你的私鑰可以用較短的字符串，小於其他類型的公鑰密碼技術。公開金鑰基礎架構（ＰＫＩ）意味每個人有了這個公鑰就可對訊息進行加密，但唯有收到訊息的一方（或握有私鑰的人）可以解密這個訊息。其他形式的密碼學要求你得有私鑰才能加密與解密一個訊息。較小的密鑰意味可用較少的電腦週期處理加密與解密，因此整個過程會更快更有效率。

理論上，使用傳統電腦破解二五六位元的橢圓曲線密碼技術，可能需要數十年之久。但是大家相信，量子電腦（一旦在商業上可行）可在短短幾分鐘之內破解我們目前在金融系統中（以及比特幣、以太坊等新的金融工具）使用的加密技術。因此我們得超前部署，為後量子世界預作準備，在這個世界裡，我們需要更強的加密技術——實際上許多人已開始這麼做了。但是目前而言，比特幣網絡的橢圓形曲線加密技術還是相當安全。

我們被分岔了？

一個由成千上萬個節點組成的分散式治理網絡，在這個結構裡，每個節點都可對核心軟件要做的變更進行投票，這會出現奇妙但也可怕的後果。治理（governance）是一個系統（此處是比特幣區塊鏈）做決定的方式。系統裡的參與者若無法達成共識，有些人繼續使用舊版本的軟件，有些人開始使用修改過的新版本軟件，這時就出現「分岔」（fork）。這說明了比特幣為何分岔為兩個版本，一個是原版的比特幣，一個是比特幣現金。硬分岔（hard forking）是區塊鏈治理背後民主決策的一個意外結果，有些類似基督教從猶太教分支出來後另起爐灶的快轉版，繼而是伊斯蘭教在過了幾世紀後，又在猶太教——基督教經文的基礎上，開枝散葉。

比特幣是區塊鏈的第一個應用，採理想化的共識決概念，有任何改變或微調，須大家投票同意。這是了不起的概念，把網絡的治理交到許多人的手裡，而非掌握在一兩人的手中。

我們只能預期，大家要麼採納某個想法，要麼拒絕。然而，達爾文的演化論使然，導致了始料未及的結果。想要讓某個協議（共識）出現新變種的念頭浮出檯面，為了描述這個影響，我借用多執行緒處理程序（multi-threaded processing）的用語：在共同規則內出現「分岔」（或分裂）。因為分岔，所以現在不是一個比特幣，而是有了兩個比特幣。

這有點像漫威電影宇宙（MCU）的多元宇宙理論。這些分岔從一個關鍵的決定中分離出來，然後開始有了自己獨立的生命。

一方面，它破壞特定共同協議可能的臨界質量；另一方面，它也為達爾文演化論登場創造機會。時間能證明，哪個版本最好。

以太坊與分散式應用程式

以太坊是另一種型式的區塊鏈，在二〇一三年問世，創始人是維塔利克．布特林。相較於比特幣區塊鏈，以太坊的程式設計語言更容易上手，也可以說更靈活。但兩者有諸多相同的特點，諸如採礦與區塊。而兩者最大的差異是以太坊推出「智慧合約」（smart contract）功能，其背後的原理是把區塊鏈變成分散式作業系統（OS），可在上面執行不同的應用程式。以太坊區塊鏈被打造為多位一體（multipurpose），而非只是數位加密貨幣。

智慧合約一詞容易讓人產生誤解，因為他們既不智慧也並非合約，而是一組在指定情況下被執行的特定指令。以太坊之所以讓人趨之若鶩，因為它這個區塊鏈平台是一個作業系統，可在上面執行不同的電腦程式，這些程式被稱為分散式應用程式（distributed applications, DApps）。

把這些元素彙整在一起，給了我們一個安全性不錯的分散式應用程式開發平台。現在我們已將區塊鏈從加密貨幣專屬系統，轉型為多用途的工具，可解決亟需容錯備援、韌性（resilience）、信任等關鍵因素的問題，諸如誰擁有這資產、正確記錄某候選人的選票等等。

雜湊圖（Hashgraph）、閃電、其他駭客行為

有了像比特幣區塊鏈、以太坊區塊鏈等系統，我們已克服了在缺乏信任的環境中創造信任、做到不可篡改、集結大量電腦運算力等問題，但我們也犧牲了速度與可擴展性。

使用比特幣的人愈多，來回交易次數增加，區塊就愈大，每個區塊也愈需要更長的運算時間。如果有多人想同時交易，一如二〇一七年十二月比特幣價格狂飆以及二〇一八年一月崩盤，每個區塊的運算速度會大幅變慢。萬事達卡每秒可處理約四・四萬筆交易（TPS）、PayPal線上收款平台每秒大約是六百筆交易，[4]而以太坊的速度是每秒十五筆，[5]比特幣（經改良後速度已加快）每秒平均是七至九筆交易。若有一堆人想要交易，

考慮到只有這麼多礦工以及挖礦電腦，你得排好長的隊才能完成所在區塊的交易。我剛提到二〇一七年底至二〇一八年的比特幣交易高峰，一個區塊大約得花十分鐘完成交易，有時還更久。

解決速度問題有幾個不同的方式。對於比特幣/區塊鏈的鐵粉而言，方案是另闢途徑，將新碼（new code）放在比特幣的側鏈（下鏈），稱為閃電網絡（LN）。閃電網絡與比特幣區塊鏈重疊，但另外建立節點的子集，讓交易人士彼此可以互相溝通，以利加快交易速度，提高TPS。因為是在主鏈外的側鏈進行交易，無須先將交易寫入區塊鏈主鏈的所有節點，因此速度加快甚多。

同理，瑞波公司巧妙地應用區塊鏈（由分散式節點打造的網絡）核心理論，然後將網絡拆解為較小的子區塊（sub-trees），成為其加密貨幣——瑞波幣的交易平台。每個子區塊在次目錄上運算，大幅提高了速度。

另一個去中心化的公共網絡——赫德拉湊圖（Hedera Hashgraph）利用高度分散式網絡的優勢，加速運算速度，主要靠兩種技術，一個是所謂「八卦」（gossip），一個人獲知新的資訊（八卦），這個資訊就會迅速傳播，直到群里（clusters）所有人都知道。資訊傳播靠的不是所有節點同步產生共識，所以理論上速度可達二十五萬TPS（儘管我們尚未看到這種規模的操作……別忘了，萬事達信用卡與威士信用卡每天要處理數以億計的交易量）。

*

你現在已有足夠的基礎知識，接下來可以開始關注區塊鏈的潛在應用。我們解釋了區塊鏈背後的基本組件，解釋了區塊鏈存在的一些問題與可能的解決方案，也為探索區塊鏈在不同產業的應用實例奠定了基礎。

然而，在我們深入探討上述現象之前，我們必須先談談可能讓區塊鏈這艘船沉沒的暗礁：區塊鏈炒作風。

---

4 Personal interview with Sri Shivananda, October 2018, San José, California, United States of America.

5 Yurina, V. (2019) 'Cryptocurrency Transaction Speed as of 2019.' uToday.com, 31 May 2019.

重點回顧

本章探討：

★區塊鏈如何在二〇〇八年金融危機中脫穎而出。

★區塊鏈的關鍵元素，諸如拜占庭共識、工作量證明、挖礦、橢圓曲線加密。

★比特幣區塊鏈有一些發展限制，因此出現了以太坊、瑞波幣等變體。

第二章

搭上區塊鏈大熱的列車

重點須知

■ 新技術之所以被接納往往得強調行銷與故事包裝，區塊鏈也不例外。

■ 若想延攬開放原始碼（source code，開源碼）程式設計師，區塊鏈有其存在的必要。

■ 過度炒作吹捧會導致言過其實，對區塊鏈的公信力造成負面衝擊，甚至可能違反證券交易法。

區塊鏈大熱，這班列車帶有一種搖滾色彩的狂勁。區塊鏈產業舉辦的活動彷彿搖滾演唱會（饒舌歌手史努比狗狗（Snoop Dogg）成了某個區塊鏈派對的主角），在西班牙伊比薩島的電音派對、法國坎城MIDEM國際唱片展均可看到區塊鏈擁護者的身影，他們甚至前進內華達州黑石沙漠的火人祭（Burning Man），追求超越自我。

區塊鏈這班列車行駛在雙軌上，一軌是倡議開放原始碼（開源）的程式設計師，另一軌是投資人關係。開放原始碼程倡議指的是，一家公司招募許多程式設計師共襄盛舉，這些人多半不為該公司工作（非編制內員工），只負責對開放原始碼的電腦程式做些修改。之所以開放，以便程式設計師可存取程式碼，交換條件是，他們負責修改改善程式，靠貢獻己力換取免費使用該程式的權限。投資人關係是一家上市公司與投資人之間的關係，靠分享公司業績、未來投資計畫等資訊，維持公司證券價格的穩定與興趣。區塊鏈公司結合這兩個概念，陸續公開他們的營運項目，有時候靠出售他們發行的代幣募資。區塊鏈這班貨運列車已高速馳騁在軌道上，銳不可當。

請上車……

開源碼社群

行銷與區塊鏈結合的例子中，正當性程度最高的例子可能莫過於開源碼程式設計運動。區塊鏈沒有一個統一的標準。雖然比特幣是第一個協議，但後來又出現其他許多協議。在這種脈絡下，協議是一組規則，規範區塊鏈網絡如何交換資訊、管理交易、完善治理（決策制定）。這是某個區塊鏈的基本作業系統。有時候，區塊鏈有應用程式介面（API），方便程式設計師在特定的區塊鏈上作業。

開放原始碼運動公布他們的程式碼，讓所有人查看，並鼓勵程式設計師改進或擴展原始碼。Linux，免費的電腦作業系統，就是一個普及的開放原始碼專案。（由英國Canonical公司發行的Ubuntu是最受歡迎的Linux版作業系統之一）。全球最普及的手機作業系統——安卓（Android）也是開放原始碼程式，儘管後來許多改良版都不是。許多區塊鏈應用具有開源碼的特性，讓使用者可以更信任該系統，因為可讓他們看到區塊如何形成、安全性如何維護、代幣如何被交易等等。

開源碼運動很聰明地號召數千甚至數百萬程式設計師在某個程式碼上作業，展示了源源不絕的創新力。與其投入大量資源，用自己人打造一個系統，不如號召其他大軍付出心力。

如果你想有個充滿活力的開源社群，你得貢獻時間、經歷、金錢維繫社群關係。你得告知開發者你正在做的事，出席各種商展，甚至提供開發者資金，贊助有潛力的專案，以便靠這些專案印證你協議的實力。為了這個理由，達沃斯世界經濟論壇的區塊鏈高峰會（ConsenSys Ethereal Lounge），呈現和俱樂部一樣的眩目燈光、王牌調酒師端出為客戶量身調配的雞尾酒，一面綠色植栽牆為背景，搭配發表演說的名嘴群，受邀演說的人包括亞當·林德曼（Adam Lindemann）等名流，討論有關藝術品市場代幣化（tokenization）趨勢。我們看到史努比狗狗成為在紐約市瑞波派對上的主角。印尼音樂家伊爾凡·歐利亞（Irfan Aulia）與政府合作，聯手宣傳一個區塊鏈計畫，以利管理數位音樂版權。區塊鏈從各方面而言，的確是道地的搖滾。

在科技領域，排場浩大、造型浮誇的宣傳手法並非空前。前微軟電玩部門主管亞歷克斯·聖約翰（Alex St. John）是遊戲機Xbox上市的推手，根據知名電玩編輯狄恩·高橋（Dean Takahashi）報導，聖約翰下令「花兩百萬美元打造外星人太空船，替某個重量級遊戲大打廣告」[6]，並大手筆舉辦豪華、創意十足的派對。若你想了解我在說什麼，請上網查一下「id Software」公司為突破性電玩《毀滅戰士》（*DOOM*）所做的促銷活動，但請勿在工作用的電腦上查詢。

為某個技術所做的宣傳與行銷過了頭，是有歷史與典故的，所以區塊鏈開發者對開源碼的努力這麼汲汲營營，也並非例外。當區塊鏈活動過熱，延伸到受監管的金融服務時，我們碰到了一些問題……

投資人關係

一些發行區塊鏈代幣的業者，不遺餘力想讓自己的產品聽起來不同於傳統上市公司發行的證券。Dfinity公司堅稱：「我們是基礎設施。」[7]但這句話忽略了其創辦人多米尼克·威廉斯（Dominnic Williams）據悉持有大量代幣這回事。前商品期貨交易委員會（CFTC）主席賈瑞·甘斯勒（Gary Gensler）警告，「勿倉促頒布監管措施」，並努力

6 Takahashi, D. (2011) 'The making of the Xbox: How Microsoft unleashed a video game revolution (part 1).' Venturebeat.com, 14 November, 2011.

7 CNBC.com (2018) 'Blockchain issues primarily around process, culture and regulation: Expert.' *The Sanctuary*, 25 January, 2018.

將比特幣正常化，稱其和黃金一樣有價，漲跌無道理可言。[8]代幣發行者不用「投資人關係」，而以「社群關係」、「社群倡議」取而代之。但他們（代幣發行公司）所做的事，是與投資人（把錢投資於某個加密貨幣或代幣的人）公開對話，這些投資人希望代幣的價值能夠上漲。當代幣的價值下跌時，他們可是會高分貝嗆聲的。

他們高喊「Hodl」（打字時把Hold誤打為Hodl，反而陰錯陽差成為代幣圈的流行用語，意味買進續抱（buy-and-hold））。根據統計數字，十大代幣的波動性偏高，大家不太可能都續抱。實際上投機行為猖獗，我之前教過一個學生，他利用投機比特幣支付研究所學費以及房子的頭期款。那些還在為政府工作的監管人士，以及曾為政府工作但現在代表民企利益的前監管人士，[9]不約而同認為，代幣是證券。最值得一提的是，美國也持這個立場，其他國家亦走類似的路線。

有一些例外值得我們注意。包括英國在內多個國家已提出具體的法規，確定什麼是「證券型代幣」、「實用型代幣」（utility tokens）、「交易型代幣」，每一種代幣都有不同的審查與通報要求。

「社群事務」（community affairs）在功能上相當於投資人關係。發行代幣的公司希望能有清楚的規範，以利他們繼續募資，為公司營運以及創辦人的個人消費提供資金。發行代幣的公司接觸大量的機構投資人與個人，他們買賣代幣，有些情況下，購買數位代幣的衍生商品。與社群保持交往，例如廣傳有哪些公司背書、忙不迭地吹捧新上市的應用軟體、政府倡議使用該代幣等等。歡呼吧！買進ＨＯＤＬ吧！

在多數區塊鏈代幣社群裡，這類活動被視為投資人關係，因此所傳播的訊息會受到證券機構的規範與監督。監管單位不太擔心億萬富豪豪擲千金投資加密貨幣，比較擔心受薪的窮苦勞工用信用卡借貸，購買波動性大的證券（這種證券背後有人控盤，然後崩盤），導致投資人錢愈欠愈多，讓已經背債的家庭陷入惡性循環。

行銷加密貨幣的手段包括舉辦活動、說明會、網路研討會；或是廣發電子郵件、發布新聞稿；在Telegram、WhatsApp等平台積極經營聊天群組；接受新聞專訪；舉辦派對；上網大打噱頭替代幣宣傳；以及舉凡聰明人可想到的一系列方式。連美國馬戲團大王巴納

---

8 Dem, N. and Kim, K. (2018) 'CFTC Official to Congress: Don't Be "Hasty" With Crypto Rules.' Coindesk.com, 18 July 2018.

9 遊說的「旋轉門」條款已無縫擴展到加密貨幣以及區塊鏈公司。

姆（PT Barnum）都會豎起大拇指。多家代幣發行商衝撞藩籬，力抗箝制他們的束縛，堅稱販售數位資產（數位貨幣）是基本自由權。

熱情澎湃

大家對區塊鏈技術的追捧程度，就連死忠果粉的熱情（對蘋果產品的迷戀已到了「沒有蘋果感覺不入流」的程度）都難以企及。區塊鏈協議已至意識形態的程度，憤怒的派系有時候會連珠炮互嗆，速度只比交戰區的炮火稍慢一些。

網際網路上的「口水戰」（flame wars）充斥。最近一次針對代幣定義引發的爭論裡，一位老派學者堅稱，代幣只是儲值與轉帳的單位（這定義比監管機構使用「代幣」一詞還狹隘），而一位愛開玩笑的人士戲稱代幣是「遊樂場裡各種遊戲機的代幣」。

陰謀論則不令人意外地充斥在一個反（主流）文化的社群裡，群裡包括不少對大政府與大機構持懷疑論的人士，認為加密貨幣是一種手段，可擺脫政府對貨幣的控制。幾年前，麻省理工學院（MIT）被一位「分析加密貨幣威脅的專家」指控，稱該校想祕密重創比特幣。因此，根據這位「分析專家」便宜行事的說法，沒有人可以公開正式地談論這個想摧毀比特幣的陰謀，因為保密協議之故。（保密協議或許根本不存在，但我們要如何反證？）

這種指控特別不公平，因為當比特幣基金會（Bitcoin Foundation）內爆時，多虧麻省理工學院媒體實驗室介入，透過數位貨幣倡議（Digital Currency Initiative）資助核心的軟體工程師，讓該社群保持活力與生命力。麻省理工學院最近持續資助宣導比特幣的活動，希望比特幣能擺脫政府的嚴格監管。這不是遊說（遊說是針對某個具體立法或欲鬆綁某個法規而採取的行動），而且遊說也必須註冊。但麻省理工學院的行動是，向政治人物與監管單位提供有關代幣的背景資訊。

但是為什麼要讓事實阻礙一個精彩的故事？就像地平說團體（flat-earthers），以及堅信登月是大騙局的人士，加密貨幣社群裡的某些人，面對攤在眼前的證據時，只會更激烈地堅持他們的妄想。

中本聰是誰？

沒有什麼比比特幣的發明人（一個名叫中本聰的人）引發的謎團更引人注意。有關他的真實身分眾說紛紜，有人說他是一群共同工作的軟體工程師，有人說他是不計其數「比特幣核心」（bitcoin core）的開發者之一，反正他們每個都被認為是比特幣的始祖。

似乎每隔幾個月始祖就會換人。澳洲人克雷格．萊特（Craig Wright）自稱是中本聰，[10]並得到比特幣核心程式開發工程師蓋文．安德森（Gavin Anderson）背書，據說後者是最後一位與中本聰直接交流溝通的人，但安德森現在已經撤銷這個背書，也對自己涉入此事感到遺憾。[11]

最近又有一位中本聰現身。稱自己是巴基斯坦人，創造比特幣是因為他父親擔任高管的國際商業信貸銀行（BCCI）倒閉。他取巧地說，自己存放九十八萬枚比特幣，以及私鑰的筆電（當時的市價一度超過一百五十億英鎊）「變成磚」（bricked）而無法使用，硬碟壞了，電子郵件據說也被駭，所以匯出私鑰自證身分。

這幾乎一點也不重要。比特幣今天被數百個程式開發工程師管控，負責管理源程式碼，另外則由六七個挖礦群或「礦池」控制，負責整合生產。這兩個團體無法就如何升級比特幣（包括容量與速度）達成共識，因此程式碼出現了分岔，一分為二，一個是原版的比特幣，一個是比特幣現金。區塊鏈運算已變得非常複雜，所以大學生在宿舍裡用低階筆電根本無法在挖礦市場裡有效地競爭：需要仰賴擁有高階運算設備的專業組織。

原版的比特幣源程式碼有些棘手，需要一些竅門。之後出現較簡練（說法可待商榷）的傳輸協議，諸如ＩＰＦＳ星際檔案系統，用於大規模數據儲存；或是以太坊平台的去中心化應用程式（DApp）。

比特幣誕生以來，陸續出現數個更複雜的區塊鏈平台，中本聰的名字在加密貨幣世界裡無人不知，但他為世人留下的莫過於對他真實身分的好奇與猜測。

---

10 Kaminska, I. (2016) 'Craig Wright's upcoming big reveal.' *Financial Times*, 31 March 2016.

11 del Catisllo, M. (2016) 'Gavin Andresen Now Regrets Role in Satoshi Nakamoto Saga.' Coindesk.com, 16 November 2016.

搶搭大熱的區塊鏈列車

諮詢顧問公司顧能（Gartner）認為，所有新技術都會經歷可預測的大熱週期，亦即期望值上升、過度膨風的承諾、發現令人失望的真相後陷入絕望，等到技術被實際應用後，出現實質生產的高峰期。區塊鏈技術也許過了絕對高峰期，但其吸引力還保有餘溫，畢竟區塊鏈的專案持續獲得善心投資人的資助。

區塊鏈超過它所承諾的，但也不及它所承諾的。

明眼的主管務必要能分辨哪些是可行的商業機會，哪些是另一個會泡沫的龐氏騙局。切勿搞錯了：因為區塊鏈革命為兩者都提供了充分的助力。

為了幫助大家從滄海中找到遺珠，我和同仁梅爾登・狄米洛爾開發一套架構，取名為「牛津區塊鏈架構」，加速大家了解區塊鏈協議與技術。我們會在下一章仔細探討這部分。

重點回顧

本章探討：

★ 開源軟體社群的開發模式，有時在投資人關係上做得太過火。

★ 一些特別熱情的區塊鏈擁護者信奉的意識形態觀。

★ 為什麼中本聰的真實身分無關緊要。

第三章
牛津區塊鏈架構

重點須知

■ 藉由應用另一種技術架構，更易理解區塊鏈。

■ 牛津區塊鏈技術架構（OBSF）協助你了解是否需要區塊鏈這個平台，以及該把某個特定技術放在商業系統的哪一個部分。

■ 切實執行成效不錯的監管措施，有助於你存取／設計受監管的環境。

為了了解區塊鏈對於現有系統的影響，以及評估區塊鏈技術是否適用於某些營運項目，同仁和我設計一系列架構，了解區塊鏈相關的技術與規範。

經常與我搭檔的梅爾登．狄米洛爾是牛津區塊鏈技術專案的共同創辦人，她精心設計牛津區塊鏈技術架構。

區塊鏈靠著參與者互相連線形成的複雜網絡運作，區塊鏈公司（並非所有公司都有自己開發的傳輸協議）找到一個能崁入這個生態系統的位子。

你需要區塊鏈嗎？

帶領學生評估區塊鏈的商業應用時，我們的第一套步驟是，弄清楚該公司是否需要區塊鏈（說穿了，或是任何分散式帳本的變體）。

很多情況下，你並不需要分散式帳本，其他類型的數據庫也派得上用場，諸如像Hadoop之類「大數據庫」，或是像甲骨文（Oracle）這樣的關係型數據庫，或是只要「平面」（線性直播數據）檔案等等。區塊鏈系統通常不適合高頻交易（HFT）等應用軟體，HFT是某些金融服務公司的「燒錢」業務。為了讓HFT順利作業，你需要有個專門系統，不僅搭配嚴格管控的環境，也要使用最先進的軟硬體。HFT公司熱烈討論連接公司伺服器與交易系統的光纖纜線要多長，因為距離會影響傳輸的光速，而速度是影響HFT同業之間績效高低的關鍵因素。在這樣的環境下，每一皮秒（兆分之一秒）都很重要。如果算一下讓分散式網絡裡每一個節點達成共識的時間，會發現HFT不適用區塊鏈平台。因此儘管HFT有其價值與重要性，儘管使用的是先進技術，但是採用區塊鏈平台是不切實際的做法。

當你參與一個讓人興奮的全新技術時，可能面臨的風險落入盲點：猶如手上只有鐵鎚時，看什麼都像釘子。類似於魯布．哥德堡式（Rube Goldberg）的笨拙技術架構被過於樂觀的企業家們陸續推出檯面，然後反過來利用容易取得的投資人資金，結合不周延的判斷。影響所及，區塊鏈平台被濫用在商業實務上，有些實務根本不適合區塊鏈。

所以什麼時候需要區塊鏈呢？梅爾登設計一組問題，用以評估或「篩選」區塊鏈是否適用於某個商業問題。牛津區塊鏈技術架構的篩選特徵包括：

（一）自動化。

（二）可重複的流程。

（三）多個利害關係人。

（四）數據核對。
（五）價值移轉。
（六）不可篡改。

自動化

有哪些可預測或可重複的作業流程得以自動化嗎？如果過程中需要經常性地人工干預，這作業不易搬到區塊鏈的平台上。理論上你可以，但不切實際，因為延遲性的問題過大。想像你有一個以自動化為主的系統，只要碰到每個關鍵的決定就需要人介入，手動調整。影響所及，系統的運作速度會減慢，以便配合這個人的最快速度，拖累機器原本快多的運算速度。

可重複的流程

該流程是否二十四小時不斷／或經常在動？是持續的活動嗎？還是僅此一次就結束？若是一次性的流程，不合乎實施區塊鏈所涉及的昂貴成本以及複雜的操作。舉例來說，你想要設計一個區塊鏈，把現任元首的權限移轉到他的繼任人，但這通常只會每四至八年才發生一次。所以這樣的區塊鏈投資這麼多的錢力與物力，但大部分時間卻處於閒置狀態。

多個利害關係人

流程或價值鏈裡是否有多方參與？一如第一章所討論的重點，區塊鏈係專門為了讓多人在無信任的環境裡達成協議而設計。若你參與的是雙邊談判或活動，即便你不一定信任談判對手，仍有其他不像區塊鏈這麼複雜的方式助你達到想要的結果。例如，一群買家與賣家正在彼此交易。他們是競爭關係，所以可能會擔心買賣協議破局。在金融市場，買賣有第三方負責仲介媒合，例如交易所以及「造市商」（market maker），這些負責幫買家與賣家牽線的仲介角色可由區塊鏈取代，這有助於解釋何以頂尖交易商與主要證券交易所大筆投資於區塊鏈的研究。

數據核對

當你得到的數據不統一，是否有一方或有數方參與核對？例如，你負責庫存控制、稅收、審計音樂版稅，你可能有公司內的審計部與稅收部能夠和外部審計員或稅務顧問互動交流。每個小組可能不只一個人參與（在大型、複雜的組織裡，參與人數可能有數十人乃至數百人，但應該不會達數萬人之多）。在某些情況下，你可能沒必要使用區塊鏈。其他方式或許能提供更優的性價比。但是若你想更加信任審計的結果怎麼辦？這時你可能會考慮區塊鏈。例如，多個政府正在考慮使用區塊鏈處理稅務以及相關的財務審計，驗證企業是否如實繳納企業稅。理論上，這不僅可以改善訊息的品質，也能大幅降低稅務稽徵的成本，對公司而言，則可做到合規定要求，以免受罰。

價值移轉

流程或活動是否牽涉到價值移轉？請注意，世上除了貨幣有價值之外，還有其他各種的價值。資訊本身（例如病患的病歷、數位身分檔案等等）都包括價值。

不可篡改

使用區塊鏈是否有什麼好處？甚或是一種規定，要求記錄不可更動、不可篡改？不可篡改正是區塊鏈的關鍵特徵之一。

例如，若你想購買一輛二手車，你希望看到清楚而完整的維修記錄，讓你了解該車有無任何機械上的問題。同理，若你想購買一件昂貴的藝術品，你希望看到一份清楚的記錄，說明這作品誕生後經歷過哪些主人，畢竟你不希望自己成了幫人洗錢的一分子，或是買到一件贓品或偽造品。

這六個標準是為了做到MECE〔mutually exclusive and comprehensively exhaustive，相互獨立（不重複）、一網打盡（不遺漏）〕。結合起來，這六個標準提供你嚴謹的評估，分析區塊鏈是否利於某個特定情況或環境，讓你能快速完成評估。

你該如何使用區塊鏈？

一旦你決定需要使用區塊鏈，那麼「牛津區塊鏈技術架構」的問題會集中在地點與方式。

在區塊鏈的生態系統裡，有三個基本組件（層次）要考慮：

（一）傳輸協議層（protocol layer）。

（二）網路層。

（三）應用層。

傳輸協議層

正如我們前面所討論的，傳輸協議是區塊鏈網絡裡不同節點互相對話的基本語言。你在設計區塊鏈技術時，得先確定是否可以使用公共區塊鏈，諸如比特幣或以太坊的區塊鏈系統，抑或你對私有區塊鏈有具體需求。

評估傳輸協議時，你應該分析設計的條件，諸如速度、可程式化（programmability）、支付功能等等。

（1）速度：是評估營運作業流程績效的函數之一。如果每十分鐘運算一個區塊，你是否可接受？你是否需要每秒鐘可運算四萬個區塊的速度，相當於威士卡與萬事達卡等主要信用卡網絡的運算速度？

（2）可程式化：針對的是如何持續地彈性調整區塊鏈平台。若你得不斷地重複做同樣一件事，也許可以使用固線式（hard-wired）系統。但若你需要更大的靈活性與彈性，你希望能用簡單的指令改變區塊鏈。

（3）支付功能：可能會（也可能不會）包括在你的區塊鏈。若你打造的是私密區塊鏈，管理病歷的移轉，或替政府設計區塊鏈，用以處理數位身分檔案，那麼這個區塊鏈可能無須具備支付服務功能（注意：我說的是「可能」，因為我已想到多個情況，讓上述例子可能需要收費）。如果你的區塊鏈會負責跨境匯款，根據定義，你需要支付服務功能。但是回顧一下整體傳輸協議的設計考量，也許瑞波幣或比特幣的解決方案能提供支付的軌跡。這些都是你評估協議層時，須考慮與決定的面向。

網路層

你的區塊鏈基礎設施存在網路層裡，是圍繞區塊鏈加載的節點才得以建立。你對誰經營節點有限制或要求嗎？任何人都可以將資料寫入你的區塊鏈嗎？或是限於一些受信任的人才能將資料寫入區塊鏈？你的區塊鏈將如何和其他技術（例如公司的ＩＴ系統）整合？

你的網路層也會解決與儲存相關的問題。舊的副本如何歸檔？你是否受到ＧＤＰＲ（歐盟個資保護法）等隱私保護法的規範？若是，你如何用不可篡改的記錄解決隱私權問題？若要符合ＧＤＰＲ的規定，其中一個辦法是把敏感的個資儲存在鏈下（off-chain），只把指標（pointer，一段程式碼，會告訴你哪裡尋找剩下的數據）儲存在區塊鏈上。若有人選擇被遺忘，你就刪掉鏈下的數據，指標現在指的對象是一串無意義的字元。

應用層

在應用層，我們的軟體直接接觸終端用戶。誰才會與你的區塊鏈直接互動？你還需要看看新的區塊鏈如何成為每日工作流程的一環。今天的組織是怎麼架構的？在區塊鏈推出之前，用戶有何行為表現？用戶需要如何改變行為習慣，才能和你的區塊鏈合作愉快？

在這層次，我們進入了採用新技術、改變管理的領域。若你的確需要組織（或個別使用者）改變行為，你有何計畫讓他們可改變舊的行為習慣，改而擁抱新做法？

規範與監管

在區塊鏈領域，免不了會受到規範與監管。

若你從事的是加密貨幣、數位貨幣、數位資產、證券型代幣、公用事業代幣、貨幣發行（coin offerings）、數位資產交易等等，你得能夠辨識與了解這些交易平台落腳處的「道路規則」，否則你恐面臨政府干預的嚴重風險。監管機構現在已對區塊鏈的細微差異變得更敏感。

若能明智地應用監管制度，那麼你有機會超前部署，塑造一個生態系統，也許在規模上會發揮更大的影響力。放眼全球多個地點，他們的監管機構努力研究自己國家在監管上有哪些缺陷，並推出試辦方案、政策干預，希望能落實戰略目標。

現階段，值得我們探討原則為基礎（principles-based）的監管系統以及規則為基礎（rules-based）的監管系統，各自有何優點。

原則為基礎的監管系統

若是原則為基礎的監管模式，法規的陳述方式抓大放小，所以詮釋起來較具彈性與空間。整體而言，監管與規範的目的是為了專利。公司與監管單位如何落實這些規章制度，多半仰賴各方你來我往的對話，需要的是溝通，這可是門學問，而非一板一眼照本宣科。以原則為基礎的規範模式允許更靈活更彈性的詮釋，可依情況和不同程度的管制性競爭加以調整。

像區塊鏈這樣的創新產業出現時，新公司會到處物色註冊地點，找出規章條文最利於業務成長的國家。在區塊鏈領域，模里西斯、百慕達、巴巴多斯、馬爾他等小而靈活的國家大受青睞，因為管制與規章有彈性，這體現於現有法規可適時調整，以便接納新技術，同時也體現於樂於推廣友善創新的新法規。以原則為基礎的監管模式也需要能靈活變通的監管官員，公司則要有精通法規的合規專業人士，雙方你來我往，在詮釋法規這條路上，不至於迷航。

規則為基礎的監管系統

規則為基礎的監管系統鉅細靡遺規範各種必要活動，務必做到合規則。每個規定都清清楚楚，但既想建立通用的架構以利廣泛應用，又想能與監管目標相得益彰，所以是更艱鉅的任務。監管機構如何讓鉅細靡遺的規定無縫接軌，以利提升金融的包容性或金融穩定性？規則為基礎的監管系統更易理解，因為市場參與者只要照表操課，確保自己合規定，但面對創新，反應過慢也容易有惰性。區塊鏈仍在進化階段，各種衍生性商品以及圍繞它打轉的商業生態系統，一變再變。因此以規則為基礎的監控系統，不適合與區塊鏈打交道。[12]

監管的基元

首先我們要考慮監管的基元（regulatory primitives），亦即不管業者在哪個地方落地註冊，這些法規的基本要素都能達到有效監管的目的。

12 Frantz, P., Instefjord, N. (2014) 'Rules vs Principles Based Financial Regulation.' SSRN.com, 25 November 2014.

如果你是面臨監管的創新公司，大可自行解讀監管單位的主要目標，研究該如何證明公司業務與監管單位想要的結果一致。如果你是監管單位，應更容易確定監管與干預實現了哪些關鍵目標。監管單位的主動性以及技術性手段，包含了對結果有明確規劃。例如，有成效的監管單位可能會說，「我們希望在二〇二五年左右，八〇％的人口擁有數位身分，遠高於目前的二〇％。我們會善用區塊鏈技術，降低成本、改善機構之間的數據分享。」這可能會導致擬出具體的監管措施，諸如政府得建立一套標準，規範區塊鏈為基礎的數位身分市場，提供數位身分的民間供應商可以設法合規則，滿足市場需求。

架構路線有哪些要素：

（1）聚焦結果。

（2）保護所有利害關係人。

（3）培養信任。

（4）平衡競爭。

（5）促進創新。

（1）聚焦結果：你能確認某項法規欲實現的結果嗎？這些結果容易衡量嗎？如何讓市場參與者的某些行為與監管欲達成的結果一致？

（2）保護所有利害關係人：所有參與方（不只是主要的市場參與者）都必須被保護，甚至包括對消費者的保護，以及提供企業支援。

（3）培養信任：透過規範與監管建立信任與透明度，以利穩定。當消費者更有信心，金融系統也會更強大更健全。對體制與機構有了信任，有助於創造就業機會、資本投資與外國直接投資等等。

（4）平衡競爭：公平應該是監管的目標之一；監管不應厚此薄彼。平衡競爭是一門細膩的學問，講究細節，因為一個不慎，很可能造成意想不到的嚴重後果。若競爭失衡，市場或系統將被寡占、雙占、壟斷。若無具體規範或監管，提供新人援助，那麼市場往往會過度集中在少數人手中，一如水流往低窪處匯聚。

許多有競爭力的團體應該受到支援，政府不該偏袒獨厚某個團體或某類型的競爭對手。

（5）促進創新：應先讓新想法有空間改進與成長，再接受重要監管單位的審查。在有些國家，監管單位刻意對實驗中的計畫睜一眼閉一眼，只要他們不嚴重違規，放水是希望讓創新技術能夠萌芽，只有等到新技術茁壯至一定規模才干預。但也有一些國家，監管單位制定友善創新的具體方案，成立「安全港條款」（safe harbor letters），為實驗中的計畫提供清楚範疇。安全港條款由監管單位制定，定義一系列公司可合法進行的活動。根據條款，若公司的活動未超出規定的範疇，監管單位不會取締抓違規。這些法規通常適用於公司追求創新的領域。

監管機構要支持創新可從沙盒（sandbox）或沙坑（sandpit）開始，亦即在界線清楚的沙盒與沙坑環境裡，允許創新公司無須完全符合規定進行實驗，並獲得監管單位的意見回饋，然後繼續下一步的安排，例如核准一部分業務，一段時間後，才許可全面營運。英國的金融業採用英國金融行為監管局（FCA）提出的沙盒計畫，參加計畫後，先取得FCA核發的電子貨幣許可證，然後是完整的金融業務許可執照。這些方案意味替創新業者準備了深思、周延的階段性門檻。

我與世界各地七十多個政府合作共擬政策，發現雖然一些政府優先考慮的面向可能是小國與大國的需求不同、不同的區域有不同的規定等等，但監管機構要處理的各種當務之急與規定可歸納為上述其中一個或數個要素。

不斷進化的監管模式與方法

我們看到一些國家出現更複雜精細的監管方式，值得注意的是，有幾種共通的政策干預措施，可減輕創新人士須合規定的負擔，這些措施如下（但不限於此）：

（1）標準與協調。

（2）分層許可。

（3）安全港。

我們會一一更詳細地剖析這些想法。為什麼需要他們？因為要達到「一致」（harmonization）困難重重。一致的概念是讓不同國家的法律能夠緊密接軌，若你的業務牽涉跨國境，例如如何合法地讓資金跨境流動，以利買賣區塊鏈代幣之類的投資，那麼一致這概念就很重要。然而由於各種原因，從某個國家的法律，乃至社會與政治背景，要達到一致，已是難上加難。若是從雙邊協議變成多邊協議時，問題更是呈等比級數地棘手。因此一些未完全密合（一致），但是能夠快速見效的技術逐漸成形，以一種連貫的方式推動各國前進。[13]

（1）標準與協調：包括經濟合作暨發展組織（OECD）在內的機構一直努力建立標準，發揮導航的角色，協助各國的監管單位以及制定決策的人士善用區塊鏈而不迷航。這些標準與通則，不管放在哪個司法管轄區都一致，允許每個國家在各自的法律以及監管背景下，各自解讀與釋義，但得確保各國之間有一定程度的一致性，不過無須逐條逐句完全吻合。

（2）分層許可：整合新技術往往會給監管單位以及創新人士造成挑戰，因為現有的監管機制往往設計不良，無法處理破壞性的創新技術，即便採用的是鬆散、以原則為基礎的制度亦然。包括英國在內的國家，為金融科技創造了分層許可。例如會核發電子貨幣許可、「中途」（halfway）金融營業許可、正式金融營業許可。每一層級有不同程度的監管審查與合規要求，每個層級獲准營業一系列金融相關的活動。一些國家針對區塊鏈證券，正在考慮或已開始實施類似的分層模式。

（3）安全港：如前所述，安全港是政策制定者工具包裡一個引人注目的工具，而且可在各種環境中使用。安全港的核心是監管單位向公司提供明確的聲明，列出哪些商業活動不會違反某條或某組法規。當監管機構可以彼此有效地互相協調，建立適用於不同落地國家（註冊地點）的標準時，會更容易讓民間的利益團體（公司、投資人）將資本部署到新的領域。一套出色的安全港條款可以增加公司以及公司股東的信心，敢挹注資金在某個產品或服務項目，因為相關的政府單位不像平時制定新法規那樣，對它行使政治或組織方面的公權力。安全港的設計可以大幅加快速度。使用安全港條款讓監管單位可以開綠燈，允許新技術進行實驗，從中得到第一手的使用經驗，以利在新興技術領域裡脫穎而出。這步驟有助於監管單位決定是否需要換個方式監管，如果需要，該採何種形式。

各國對區塊鏈潛力的接受程度不一。有些國家針對區塊鏈倡議制定明確的規範並提供

13 Marchant, Gary E. and Allenby, Brad (2017) 'Soft law: New tools for governing emerging technologies.' *Bulletin of the Atomic Scientists*, 73:2, 108-114, DOI: 10.1080/00963402.2017.1288447

經濟支持；有些國家制定具體的規定，或是對現有規則做了釋義；還有一些國家仍採取觀望態度，靜觀其變。例如，歐盟成立大規模的投資基金，支持區塊鏈項目。歐盟認為，區塊鏈有助於解決小型企業資金不足的問題。英國央行「英格蘭銀行」針對這點做了大量研究，包括評估中央銀行發行數位貨幣的可行性。百慕達與模里西斯等島國已制定並通過新法，營造友善區塊鏈商業活動的環境，讓這類公司更易於透過公開發行代幣籌資。

＊

有了本章提供的架構與工具，你有了評估以及理解事業所在環境的方式，也有了設計自己區塊鏈生態系統的工具，無論你是創新人士還是監管官員。

現在你已認識區塊鏈的一些核心想法，可以開始思考如何應用區塊鏈。人類努力求進展的每一個範疇，幾乎都有辦法應用區塊鏈技術改造市場、促進繁榮、減少貪腐、加強安全、提升效率等等。當我們把區塊鏈不可篡改、不可抹滅每一筆記錄的特質，結合差勁的數據品質以及完全的透明度，那麼區塊鏈會出現危險的新機制，造成意想不到的後果。想像一下，如果一個被分手的情人把關於你的不實負面訊息寫入一個永久保存的記錄裡，然後你未來潛在的雇主看到這個記錄，那會是什麼樣的後果。或者某政府的諜報部門在另一個國家的選戰裡植入造假的投票數據，會是什麼情況。我們接下來將進入本書的第二部，剖析區塊鏈如何為業界創造新的機會，以及會有哪些風險。

重點回顧

本章探討：

★ 牛津區塊鏈技術架構如何協助你決定是否需要區塊鏈，以及區塊鏈如何吻合你的營運系統。

★ 監管機構如何看待區塊鏈這個破壞性技術，以及安全港等工具如何鼓勵創新。

★ 區塊鏈監管環境因國家而異。

第二部

產業

第四章
金融服務業

重點須知

■ 服務業的營運必須跨數據流（data streams），利用區塊鏈可提升效率。
■ 金融服務業可以透過區塊鏈技術，發揮更多實力並提升效率，以利商務與社會。
■ 這些應用涵蓋消費者面（consumer-facing）與機構面（institutional-facing）兩個領域。

金融服務業是數據密集型企業，可直接受益於分散式帳本的應用。區塊鏈有許多被自然應用的實例，關於如何布建區塊鏈以及其侷限，可參考金融服務業率先試辦與布建區塊鏈後的經驗與心得。牽涉的資金每年高達數兆美元，而應用區塊鏈後可受惠之處包括提高效率、降低成本、改善金融服務品質等等。

服務業層級

服務業採用的系統負責處理資訊流、追蹤與管理人類活動、分析經濟利益的歸屬。已開發國家的經濟已從工業革命時期仰賴製造業，轉變為以服務業為主的經濟體。在這些國家，金融服務業、醫藥、觀光旅館等經濟規模，在GDP的占比可達一半以上。新興經濟體的經濟產值也愈來愈多出自於服務業。

金融服務業的前身可以追溯到幾個世紀前。文字的發明可追溯到公元前三千兩百年，當時楔形文字之所以出現係因得在泥板帳本上記錄金融交易。[14]《詹姆士王聖經》（*King James Bible*，又譯《欽定版聖經》）也提到放款人與寺廟（距今兩千多年），當時的社會就在苦思如何規範銀行家、建立信任。現代金融業誕生於跨境貿易以及啟蒙時代，其中倫敦證券交易所在維多利亞時代的「影子銀行」系統（shadow banking，在正規銀行系統外的非銀行金融機構）發揮了關鍵角色。[15]綜觀歷史，金融服務的性質向來以中介機構、保存記錄為前提，各方之間存在不同程度的信任，以及儘可能保持透明，但是傳統金融記錄方式一直難以滿足這點。難怪區塊鏈的技術會誕生，因應當代金融系統的不足，也難怪迄今對區塊鏈技術的大手筆投資都和改善或推翻當前金融結構有關。

區塊鏈實驗計畫

金融服務業是進行區塊鏈實驗的重心，該行業部署區塊鏈的公司愈來愈多。進行這些實驗的動機之一是因為金融服務業充斥一層又一層的中介機構，讓這行業變得相當複雜。此外，金融機構為過時的作業流程所苦，這些流程已從手動形式轉為數位形式，但並沒有重新設計流程背後的作業方式，而區塊鏈可以用來改造這些流程。金融服務業者躍躍欲試地想引進能夠提高利潤以及競爭力的新技術。

---

14 'The World's Oldest Writing.' (2016) *Archeology*, May/June 2016.

15 Odlzyko, A. (2016) 'Origins of Modern Finance: New evidence on the financialisation of the early Victorian economy and the London Stock Exchange.' Working Papers 16028, Economic History Society.

廣泛而言，我們可將金融服務領域的區塊鏈活動分為區塊鏈內（或基礎建設）應用與區塊鏈外（或面向市場）應用兩個部分。但也有另一個視角，分為業界（或機構）應用，以及消費者應用。

面向消費者應用

區塊鏈的起源是比特幣，是一個公眾記帳以及面向消費者的應用。若我們退一步，想想除了比特幣之外，還有哪些靠區塊鏈的分散式數位貨幣，就會發現一些有趣的現象。

（1）貨幣：將貨幣的控制權從政府手中搶走，這麼具挑釁意味的概念，反而讓不信任政府的消費者，提高彼此之間的信任。

的確，當一些國家的法幣出現每月百分之百或更高的通膨率時，大家一定會尋找現有法幣以外的工具（價值儲存工具）保住自己的資產價值（將資產保存在某個地方，方便以後存取）。支撐比特幣這類加密貨幣的想法是，理論上他們不受外部壓力（如脫離經濟現實的政治壓力等等）影響。但是，看看建立在區塊鏈機制上的加密貨幣，你若分析一下他們的波動性，會發現波動在短短幾個月內高達數倍之多，這麼一來，加密貨幣的儲值和轉帳恐怕難以讓你支付房租、糧食等基本的生活開銷。比特幣價格上沖下洗、波動劇烈，與所在國家或地區的經濟產能沒有直接關係。少了這種關連性，多少讓比特幣成了投資人感興趣的備案資產，但這不是支付員工薪水的好辦法，畢竟員工需要依靠穩定的收入支付房租、購買食物。

第十章討論區塊鏈的政府應用時，會進一步討論多國「央行數位貨幣」（CBDC，電子貨幣的變體）的進度。

（2）支付：金融服務區塊鏈的其他消費性應用包括支付與跨境匯款，尤以新興市場最積極，跨境匯款的手續費可能高達交易金額的一〇—一五％，甚至更多。這形同對居住在新興經濟體的民眾徵收「窮人稅」（poor tax，如果你是窮人，你為某產品或服務支付的單位費用高於富人。）隨著搭乘區塊鏈順風車的電子支付與匯款系統問世，支付的手續費成本已驟降至一％以下。

消費者現在也可以使用區塊鏈網絡，直接互相轉帳，即所謂的「點對點」支付，無須銀行、轉帳機構，或其他金融服務公司提供中介服務。這些交易最多只需幾分鐘，不像傳統金融系統需數天之久。第三方支付始祖 Paypal 的子公司 Venmo 提供行動支付，交易量快速成長，早已超過每年一千億次的門檻，[16]可見區塊鏈較低的成本以及更快的速度，不僅是吸引人的價值主張，亦可直接讓消費者立刻受惠。

（3）借貸：點對點分散式借貸是另一個可藉區塊鏈平台改善的消費者領域。想想今天銀行的功能，接受客戶的存款，並為這些存款支付若干利息，然後將這些存款放貸出去，只是會收更高的利息。存款與放款這兩點之間的利差（淨利息收入）是銀行的主要收入來源之一。銀行理應得到報酬，因為它得自行確認每一筆信貸的風險（確認可放貸的對象），分析借款人的信貸風險（核算借貸人的違約風險，並對其貸款進行相應的定價），然後對這筆借貸提供後續相關服務（確定該借款人準時還款，若延宕還款時間或出現違約等情況，有人負責處理）。銀行還有其他一些收入，例如多數銀行不會把放款列在帳面上，而是包裝成證券，將風險出售給其他人，例如對沖基金公司。但徵信、授信等都是借貸的基本機制。

以上這些金融服務都可與區塊鏈結合。存款與借貸可被記錄在分散式帳本上。核貸作業可以由分散式應用程式執行。貸款後續服務可交給智慧合約與分散式應用程式處理。我們會在下一個部分進一步延伸這個構想。

（4）本地數位銀行（native digital bank）：若結合人工智慧、新數據源（new data sources）、數位貨幣與區塊鏈，我們可把上述功能全部自動化，銀行就沒必要存在了。區塊鏈可以寫入程式碼，處理現金池、承做放貸、管理貸款等業務。區塊鏈可以使用演算法，取代核貸員來核銷信貸。區塊鏈可以透過數位錢包支付利息或催款。因此有了區塊鏈輔助的金融服務，相較於傳統的借貸方式，不僅可大幅降低借款人的借貸成本，也能大幅提高放款人的獲利，這主要歸功於少了中介機構，連帶效率也顯著改善。消費者金融產品是銀行利潤最高的業務（相較於公司或法人機構等客戶），因此大型金融機構是該有理由擔心區塊鏈造成的破壞。[17]

（5）保險：實際上，同樣的邏輯也適用於保險業。每個保單（比方說汽車險）本質上是一個風險共擔團體（risk pool）。你和其他人每月向保險公司支付保費，希望自己不會發生交通事故。保險公司費盡心思找到保戶，為保戶的保單定價並收取保費。一旦有人

16 PYMNTS. (2019) 'P2P Payments Find Fresh Fuel as the 2020s Loom.' Pymnts.com, 14 August 2019.

17 Ghose et al. (2016) 'Digital Disruption How FinTech is Forcing Banking to a Tipping Point.' Citi, March 2016.

真的發生問題，保險公司就會處理，確保理賠成立，然後付款。

保險市場也是可藉區塊鏈提升效率的領域。假設與出色人工智慧結合的智慧合約可以處理九〇%的保險業務，諸如核保、理賠、結算等等，將可大幅降低處理理賠的成本。相較於傳統保險，建立在區塊鏈之上的風險共擔團體所需的人力與成本都會大幅降低。

機構面應用（Institutional Applications）

區塊鏈可以大幅改善證券交易的速度、成本、合規性，也有利於其他機構應用。

（1）結算與清算（Settlement and Clearing）：結算與清算分別包括轉移資金與更新記錄，如實反映證券所有權的異動。這是極吃力的記錄密集型工程以及層層中介的過程，牽涉多個利益相關人，透過分散式帳本與數位代幣，可以大幅簡化這一過程。瞻博網路研究公司（Juniper Research）認為，區塊鏈有助於每年減少二二〇億英鎊的結算成本。[18] 根據IBM估計，區塊鏈或許可減輕金融交易詐欺造成的損失，減輕的損失每年可能超過一一〇億英鎊。[19]

（2）衍生性商品（Derivatives）：衍生性金融商品的合約現已由區塊鏈自動建立和

結算，加快金融交易的資金流速度，改善金融交易效率。衍生性金融商品合約在一定的條件下作業，以利自動結算或清算，這些都可由程式碼代勞，無須人員手動驗證。即便是大型商品，諸如原油期貨合約，需要實物交貨才能結算（交割），若透過與衍生商品綁定的智慧數據系統，可以解決大多數的交易合約。具體而言，你會搭配使用無線射頻辨識系統（RFID）、GPS衛星導航以及人工智慧。這需要改變行為，也需要改變技術基礎設施。但顧及未平倉合約的價值高達一六三〇多億英鎊，這樣的改變正被認真評估中。

（3）價值移轉（Value Transfer）：區塊鏈具有極大潛能改善機構之間的價值移轉。全球金融機構之間有大量的貨幣交易。消費者向海外匯款時，匯出銀行以及海外的收款銀行必須互相合作，結算這筆交易，通常這會涉及其他中介銀行，如轉匯銀行（correspondent bank）。他們不會一次處理一筆匯款，例如愛爾蘭的約翰欲匯款一百英鎊給在南非的瑪麗。為了效率，銀行會在一天結束時，集合所有要移轉的匯款，處理所謂的

---

18 'Blockchain Deployments to Save Banks More Than $27bn Annually By 2030: On-chain Settlement Costs to Fall by 11% Compared With Current Levels.' JuniperResearch.com, 1 August 2018.

19 'Streamline transactions and tap into new revenue sources with IBM Blockchain.' (2018) IBM.com

「淨額結算」（netting），這過程中，他們會計算剩餘的價值移轉（計算進額和出額，然後看剩餘多少——滙豐銀行在一天結束時，是否對摩根大通新增一筆一億英鎊的欠款，還是反過來摩根大通欠了滙豐？）這種可預測可重複的過程，都有固定的步驟和文件審核，可交給區塊鏈代勞，彷彿雇了一支會計師大軍，處理起來易如反掌。區塊鏈基礎設施供應商瑞波估計，資金跨境流動的過程中，全球逾八兆英鎊的流動資金「被困在」金融機構與政府之間。[20]業者已設計一個高容量協議（high-capacity protocol，可較比特幣更快地處理交易）專門解決這個「塞車」問題。

基建面應用（Infrastructure Applications）

區塊鏈系統可大幅降低金融機構或金融服務供應商內部人力以及效率不彰的現象。

（1）交易所：一些證券交易所已開始嘗試將整個交易放在區塊鏈平台上，雖然還需要一些時間才可能看到納斯達克、德國證交所等幾個大交易市場的全部基礎設施被區塊鏈取代，但較小的交易所已開始試水溫。

（2）合規（Compliance）：合規是另一個區塊鏈可以大幅改善已成全球金融機構沉

重負擔的問題。根據麥肯錫顧問公司調查，合規成本大幅飆升，每年遠超過二二〇〇億美元，而且漲勢沒有停止跡象。區塊鏈為基礎的身分辨識系統與合規功能相結合，可望大幅降低這一成本。「認識你的客戶」（Know Your Client, KYC），是企業確認客戶身分的程序，知名研究機構BIS Research估計，透過區塊鏈，每年光是KYC，至少可省下四十億英鎊。[21]

（3）個人數據資產（Personal data assets）：全球最大的幾家金融服務機構已開始修改其會計系統，以便能管理個人數據資產及其價值，這是已開始形成規模的新資產類別。個人數據資產的基本概念（這尤其要歸功於歐盟「一般資料保護法規」（GDPR）與歐盟支付服務指令（PSD2）等新法規，以及歐洲以外地區類似的制度），包括消費者得以控制自己的個人數據（而非由臉書執行長祖克伯掌控支配）。這種由自己掌控數據的新

20 Stapczynski, S and Murtaugh, D. (2019) 'The Future Is Now for LNG as Derivatives Trading Takes Off' Bloomberg.com, 21 January 2019.

21 Agarwal, T., Gaggar, G. (2017) 'Blockchain Technology in Financial Services Market – Analysis and Forecast: 2017 to 2026. (Executive Summary)' BIS Research, 2017.

架構，衍生了另一個問題：大家該如何管理個人的數據。反過來，這需要金融機構內部安裝新的系統，管理這樣的數據。區塊鏈系統具有合適的加密技術，不僅可安全儲存個人的機密數據，也能管理這些數據，自動做到符合隱私法規。湯馬斯．哈德約諾（Thomas Hardjono）、艾力克斯．潘特蘭（Alex Pentland）與我在《可信數據》（*Trusted Data*）一書中，討論了針對個人數據的新數據架構，以及相關的系統。

*

區塊鏈可以完全改變建立在帳目記錄和中介服務的金融服務業，全球最大的盤後金融服務組織——美國證券集中保管結算公司（DTCC）恐在一夕之間被淘汰，若主要交易所或機構投資人採用區塊鏈系統——這點正好解釋DTCC何以針對區塊鏈做了充分投資與研究（更別提納斯達克交易所也做了類似努力）。

未來五年，由於區塊鏈技術代勞，金融服務業的中階與後台工作可能會劇減數百萬個，這行業高竿的高管紛紛為這大潮預作了準備。這可從我過去數年來的親身經驗得到印證：每當我在一個大型的金融服務機構遇到敢創新、有遠見的高管時，他們有五〇％的機率會在十二個月內離開現職，轉往區塊鏈相關的公司任職。

重點回顧

本章探討：

★金融服務業嘗試實驗區塊鏈技術。

★區塊鏈可能衝擊金融服務業的制度與基建設施，也會影響消費者。

★區塊鏈對中介機構的潛在影響。

第五章
保健醫療

重點須知

■醫療健康產業已開始針對區塊鏈技術進行一系列實驗，以利降低成本、改善照護。
■最直接的應用關乎病人的數據與病歷管理，以利提供照護。
■假以時日，區塊鏈可能徹底改變對病患的醫療與照護方式。

區塊鏈技術可以規模化地應用在醫療健康產業，並產生高影響力的結果，例如改善病患的福祉，降低醫療體系的營運成本。

醫療一旦涉及到個人數據，會出現一些有趣的變化與轉折。一方面，大家希望自己的病歷安全不外洩，讓隱私獲得保障。多數國家都制定了法規，明定個人訊息該如何共享、使用、儲存。一般消費者想知道，誰存取了他們的就醫資訊，以及是在何種情況下取得。區塊鏈可提供不容篡改的記錄，內容包括誰看了病患的病歷、多久看一次、獲得誰授權。有了區塊鏈，可以提高病患對系統的信任，畢竟他們更了解自己的個人數據受到什麼樣的管理。

我們看到不少侵犯個人數據隱私的例子，包括不當取得個人健康記錄，儘管近年來全球立了健康數據隱私保護法，違者將受到重罰，但違規例子依舊層出不窮。首先，患者得知道有人違規；其次，他們多半得經歷費神又費力的申訴與調查過程。區塊鏈可追蹤數據軌跡（audit trail），有助於消費者更深入地了解誰存取了他們的資訊，以及資訊何時被存取，在人工智慧加持下的區塊鏈，相較於當今的數據系統，可以更精準地監看，並提出示警。

但是另一方面，有些情況下，消費者希望快速取得健康資訊。例如，若你需要緊急醫治，你可不希望還得等些時間才能取得個人資訊。你希望能像「遇到緊急狀況可打破玻璃罩」一樣。或是若你想轉院，你希望能輕鬆合併或轉移自己的個人就醫記錄。許多醫療機構至今還在使用傳真機，都已經進入二十一世紀第三個十年了，竟還仰賴紙張時代的過時產物，而這些記錄可以也應該被安全的區塊鏈協議所取代。即便在單一保險人制度裡（single-payer system），病患存取數據時也是問題重重。

打破醫療記錄的藩籬

許多國家的保健制度裡，存取自己的病歷並不容易。出於競爭之故，提供電子病歷的醫療保健公司會刻意把自家系統設計得無法與其他家公司相容。透過區塊鏈打破藩籬，打開這些封閉的架構，以利個人健康記錄的可攜性，讓消費者更易獲得更好也更符合成本效應的醫療服務，因為現在他們可更輕鬆地跳槽到別家醫院，更容易地掛號到醫師，以及更快速地獲得需要的治療。

改善就醫經驗

在醫院或診所裡，轉銜照護（transitions in care）——病人從一家醫院轉到另一家醫院，或是從一科轉診到另一科（例如從急診室轉到加護病房），或是從醫院轉到照護之家與門診，是造成醫療疏失、院內受傷，乃至死亡的主要原因。追根究柢，往往是數據落差所致：醫師與護士是否知道病患出了什麼問題或有無過敏？是否進行正確的手術？當你得截肢時，你另外一肢健康的腿會用黑色馬克筆標示，讓主刀醫師知道該對哪肢腿下刀……也許是為了確保萬無一失，但這是我們在數位時代所能做到的最好辦法嗎？

更好的數據系統，例如分散式數據庫，有助於無縫地整合與突顯關鍵醫療訊息。

減少浪費與防範詐欺

世界衛生組織（WHO）的數據顯示，醫療詐欺每年造成的損失超過三二四〇億英鎊。[22]

一如其他領域，我們可透過區塊鏈不容篡改記錄的特點，防範這一點，並將分散在不同節點的數據鏈在一起（若讓數據各自獨立，會掩蓋真相）。可詐欺（動手腳）的一個領域是診斷書編碼錯誤（miscoding of diagnosis）——病患生了某個病，但院方可能在病歷上造假，寫成另一種疾病，因為這病可索取更高的治療費。區塊鏈可大幅改善這個漏洞，核對治療與收費的數據是否一致，統計分析支付的費用與接受的治療模式，有助於保險公司與政府發現異常情況。

長期安全

醫療設備的品質與安全性可委由像 Spiritus Partners 這類的公司負責追蹤監測，這些公司利用區塊鏈監測設備歷任的所有人、服務史，以及各類的安全問題。凡是有缺陷的設備，會立刻被發現並及時補救，過程快速、可靠又透明。

22 Jones, B., Jing, A. (2011) 'Prevention not cure in tackling health-care fraud.' *WHO*, December 2011.

更好的參考資訊與醫護數據

就連主治醫師是誰、他們有哪些證照、他們接受哪些私人保險（這點在美國尤其重要）等等這麼簡單的問題，在今天都攸關數據的質量、及時性、可用性等等。我曾經開過一家公司，公司產品會提供醫師地址還有其他連絡資訊的最新記錄、醫師接受哪些保險、擁有哪些證照等等。這些資訊今天均可透過合適的分散式帳本，很大程度或完全自動地更新。

公共衛生

區塊鏈可以改善民眾健康。儘管病患的個人隱私必須受到保護，但也要顧及公眾的利益，例如流行病學家非常希望能夠存取大量患者的醫療數據，以利其評估感染率與死亡率，並採取公衛介入措施。應用相得益彰的區塊鏈協議，疾病登記方式可以更彈性、更易管理，數據治理也更有效率。

醫學研究

從醫療服務進入更廣泛的範疇，例如生物科技、製藥研究、醫學研究等等，這些企業與組織多半只會公布正面積極的結果，但是負面數據也有其意義與啟發性，至少有助於避免浪費，加速新藥與設備的研發步調。至今仍無有效、大規模的機制強迫製藥或生技公司，分享失敗的數據或臨床數據。但是有了稍作變化的區塊鏈技術，特別是基於祕密分享的多方運算（multiparty computation），是有可能加速病患數據集（匿名化、包含關鍵數據元素）互相交流，而不會洩漏資訊導致競爭或觸犯隱私之虞。有關這方面的細節超出本書探討的範圍，但可參考之前提及的《可信數據》一書，以及二〇一六年的白皮書《區塊鏈與健康資訊科技：演算法、隱私、數據》。[23]

因此區塊鏈與代幣為臨床研究開啟新的模式，在這種模式下，區塊鏈技術會自動抓截

23 Ackerman, A., Chang, A., Diakun-Thibault, N., Forni, L., Landa, L., Mayo, J. and Riezen, R. (2018) Project PharmOrchard of MIT's Experimental Learning 'MIT FinTech: Future Commerce.' White Paper August 2016. Available at SSRN: https://ssrn.com/abstract=3209023

病患同意參與研究的同意書（傳統蒐集受試者同意書的過程既耗錢又耗時），而同意參與研究的病患可獲得數位代幣以資獎勵，以利為臨床研究提供更多數據。

加入這些臨床試驗以外取得的數據，形成更龐大的「真實世界證據」（RWE），RWE是攸關製藥公司與生技業長期生存能力的關鍵投入（critical input），病患同意讓其數據用於研究，甚至在新藥上市之後繼續使用。新藥或新產品若出現問題，與其相關或受到影響的病患可被分配或移入該研究計畫裡，藥商無須另外再啟動試驗計畫，也無須重新蒐集數據，然後幾年後才分析結果。臨床數據猶如獲得「穿越時光的機器」，形同按下倒轉鍵，讓臨床醫師回到過去，對患者的數據提出不同的問題。在這種模式下，無須重新召回當初那批患者，或是重新進行試驗。

＊

因此我們看到，無論是突發疾病（急診室）還是慢性病（到診所／醫院回診），若能應用區塊鏈，可精準地追蹤病患的就醫足跡，以及病患的感受。在個人層面上，實施預防性還是干預性醫療，前提都是根據所獲得的數據（例如病患的生命體徵、病史）、對數據的判讀（診斷）、一段時間下來的進展（生命體徵、實驗室報告等等）。至於更大規模的層面，由於涉及競爭與法規等諸多理由，民眾健康數據與臨床研究等關鍵訊息還是受困於層層保護，無法存取。

數據密集型應用開始出現在數位健康領域，他們雖有共同的交集——病患，不幸的是，這些數據各自獨立儲存，猶如孤島，並不相連。區塊鏈可把這些零散的資訊整合在一起，改善個人與社會的整體健康，在某些國家立法施壓之下，數據孤島的現象稍有改善，但是同一時間，全球的醫療照護模式也開始轉型，從交易型模式（transaction-based model），轉變為連續性服務模式（continuous-care engagement model）。

一些大膽、有遠見的人士認為，社會出現了「過渡到以人為本模式的臨界點」，一如Burst IQ公司的執行長法蘭克．里科塔（Frank Ricotta）所言，提供消費者健康的各種指標（例如DNA檢測公司「23andMe」、量化自我產品的製造商）結合傳統臨床醫護，這現象背後的推手是精準醫療（precision medicine）、人工智慧、可連網的設備，以及其他各種技術。

在這種新模式下，區塊鏈可以成為傳輸與儲存的網絡，讓分散獨立的醫療保健可以順利合作，提供病患更好的醫療服務。區塊鏈也能為數據的品質提供評比服務，例如，醫院裡由高端設備測量的脈搏比你的蘋果手錶更精準，但是蘋果手機幾乎是二十四小時跟著你，所以提供了更完整的監測與更全面的評估。健康數據量呈爆炸性成長，區塊鏈結合智慧碼，可以為混亂無章的病患訊息理出頭緒與秩序。

重點回顧

本章探討：

★個人健康數據與區塊鏈的關係。

★臨床照護與醫學研究等領域還有很多潛能與機會，可透過區塊鏈加以開發。

★使用區塊鏈協助醫護轉型為以人為本的模式。

第六章
能源與食品

重點須知

- 區塊鏈能幫助你深入了解某物的來源以及利用方式，也就是所謂的「溯源」（provenance）。
- 在能源部門，這能雙雙提升能源的生產和運輸，並且讓其相關金融市場更能發揮效率。
- 在食品部門，這能增強食品安全，並且提升農民的經濟效益。

在增改方面有明確歷史記錄的「不易竄改總帳」（immutable ledger），有著能夠溯源的一大好處。簡單來說，「溯源」指的就是能夠追蹤某物的來源，還有在各個時間點是由誰所經手。

舉例來說，衝突區鑽石產於飽受連綿戰火蹂躪的地區，多半在非洲的下撒哈拉區。販售這些鑽石以便為更多流血衝突籌資，因此得名「血鑽石」。寶石界訂立一套標準證明特定寶石出於哪些開採的地點，確保該寶石不是資助戰爭的剝削性產物。在仰賴資訊和透明度的場域，將實體的貨品化成有著編號的資產和資料數據——因為我們希望自己剛買來的訂婚戒指不是出於奴工之手，也不是用來支持大屠殺。區塊鏈系統能提供該寶石不易竄改的溯源資料，追蹤它從生產乃至販售期間的所有持有者。同理，在藝術界，市場也是仰賴溯源來做資產的鑑值和管理；該產業也才剛開始嘗試使用區塊鏈技術。

奢侈品珠寶是利基市場，儘管是小眾市場，但營業額巨大，每年的銷售額高達一百六十億英鎊[24]。其他另外兩個產業，在溯源和透明度的重要性與其不相上下，甚或更高一籌，也就是能源[25]、[26]和食品[27]，合計營業額在全球占了十二兆英鎊。

能源和食品市場的供應鏈，會安排在一系列的地點生產，透過複雜網路運輸，並輸送到多個地點。另外也有時間的考量（即使能源儲存技術已更加先進），即產出的資源必須在特定時間內使用，否則就會「過期」而不再堪用。能源和食品都是受到法規約束的市場，歷來使用老舊的方式處理追蹤、回報和合規等議題，影響了各自獨立的數個行為方，例如小型的個體戶，以及縣等級的政府機關。能源和食品產業就像量身打造般與區塊鏈極為契合，而世界各地企業運用分散式帳本技術，過去幾年下來，試辨的方式多達幾百種。

能源

能源業的供應鏈複雜，包含眾多行為者和生產位址，彼此之間有著固定和相互關連的

---

24 Stevens, L. (2019) 'Gemstones Market Is Expected To Grow at a CAGR of 5% over 2018-2026' African MiningMarket.com, 18 April 2019.

25 Desjardins, J. (2016) 'The Oil Market is Bigger Than All Metal Markets Combined' VisualCapitalist.com, 14 October 2016.

26 Navigant Research. (2017) 'Advanced Energy Market Hits $1.4 Trillion: Part 1' NavigantResearch.com, 21 April 2017.

27 Marketwatch. (2018) 'The global food and grocery retail market size is expected to reach USD 12.24 trillion by 2020' Marketwatch.com, 27 August 2018.

互動關係，管理每年逾一．五兆英鎊的支出[28]。我們在第四章大略談過區塊鏈與能源的金融面向，接著將分析若能提高能源生產和配送的透明度，能如何改善供貨、控管過剩與不足、調節價格的變動。

物流

物流是能源業的命脈。必須在提煉和生產地部署和管控重型設備。供應商、承包商、底下的子承包商，以及再底下的子承包商，外加服務供應商，整個層層網絡下來，需要大量的承攬契約、發票和追蹤文件，也需要層層的查核比對。能源生產過程中，成本規劃與分配是一大重點。能源流經範圍往往需要跨過越境，因此會有更多的交易文書和對帳需求，也須配合各式的規定和法規。

牛津區塊鏈技術架構（Oxford Blockchain Strategy Framework）說明這個重複的歷程適合應用區塊鏈的概念，因為其中涉及許多參與者和層層的中介者，還有許多可自動化的文書和運算。

電網管理

能源電網的管理可受益於區塊鏈。過去，能源傳輸是個單向道，由水電公司將水或電輸送到消費者的住家。而消費者在自宅裝設太陽能科技，並利用「智慧電網」（smart grid）管理電能，讓大家見識到雙向能量經濟的崛起。消費者不再只能付費讓能源輸送到家，還能把太陽產能巔峰期的過剩能源反向輸出。將能源傳輸限縮於所在區域的範圍內，避免傳輸時能源流失，提升效率。

區塊鏈提供無縫、動態、多邊能源市場的可能性[29]。從澳洲、愛沙尼亞（Estonia），乃至紐約的布魯克林，許多電力公司已開始試用微電網區塊鏈（microgrid-blockchain），諸如愛沙尼亞的 WePower 和布魯克林微電網（Brooklyn Microgrid，Consensys 家族的

---

28 Newsroom. (2019) 'Global energy investment stabilised above USD 1.8 trillion in 2018, but security and sustainability concerns are growing' IEA.org, 14 May 2019.

29 Andoni, M., Robu, V., Flynn, D., Abram, S., Geach, D., Jenkins, D., McCallum, P., Peacock, A. (2019) 'Blockchain technology in the energy sector: A systematic review of challenges and opportunities', ScienceDirect.com, February 2019.

子公司）[30]。點對點（peer-to-peer, P2P）能源市場突顯端點能源管理（end-point energy management）民主化的潛能，加速改善市場效能，降低消費者的電費。

溯源也是一個影響因子。舉例而言，消費者選用綠色能源取代燃油。要做到這點，必須要得知並認證電力的生產方式，這必須有個特定機制確保發電過程中沒有混摻煤等「骯髒」能源。

將區塊鏈運用至能源配送管理時，不會僅限於零售市場，也能擴及至能源批發市場。管理能源批發是個複雜的工程，不僅牽涉多個參與方（包括政府以及民營企業），還因為傳輸的不僅是能源，亦包括把龐大的數據傳輸到不同的端點。例如，加拿大魁北克電廠利用水力發電後，將電力傳輸到美東麻州這樣的高耗電區[31]。批發能源市場也同樣地受惠於區塊鏈所提供的諸多好處，包括透明度、更容易分享資料、自動平衡多個參與方。

*

區塊鏈還有其他潛能。使用自動化區塊鏈資產管理系統，水電公司能用更低成本來加強庫存管理。收費系統（billing）和智慧型測量（smart metering）能藉區塊鏈技術實現更高程度的自動化。供應商之間的能源傳輸也能加速，主要是得益於區塊鏈提供的數據可攜度。

若深思政府的策略目標，我們能看到整合不同技術所帶來的契機，亦即結合兩個以上的創新技術，而區塊鏈是其一。可針對以下目的進行都會和區域的經濟分析：

（1）理解經濟發展。

（2）評估邁向「聯合國永續發展目標」（SDGs）有哪些進展。

（3）規劃基礎設施。

舉例來說，計量經濟學的見解更透明，因此能更有效地解決能源消耗和不固定的需求等問題。若能結合人工智慧、大數據和區塊鏈，這些都能大幅改善。

---

30 Ellsmoor, J. (2019) 'Meet 5 Companies Spearheading Blockchain For Renewable Energy', Forbes, 27 April 2019.

31 Storrow, B. (2019) 'Effort to Trade Gas for Hydropower in Northeast Meets Resistance', *Scientific American*, 22 May 2019.

食品

全球食品供應已臻成熟，可運用區塊鏈，特別是在溯源和透明度方面。食品的可追蹤性和食材供應鏈管理對農業、食品生產和，運輸配送有諸多影響。

食品安全

某產品中各個成份不僅資訊透明度高，又可被明確追蹤，因此發生汙染和召回等食安問題時，可幫業者省下大筆開支。例如，萬一食品發生沙門氏桿菌感染，業者能更有效找出問題、避免擴散，並且更迅速通知零售商、消費者和重要的有關單位——也能更快速追蹤到感染源。顧能研究公司（Gartner）指出，二〇二五年左右，世上將有高達二〇％的雜貨業者會採用區塊鏈，以利提高食品供應鏈的透明度[32]。

消費者對未使用殺蟲劑、鮮採直送餐桌的有機農產品有愈來愈高的需求，包括沃爾瑪（Walmart）等大型零售商與ＩＢＭ等科技供應商合作，要求食品供應鏈百分之百透明。他們表示，運用區塊鏈後，原本需要七天的食品源追蹤流程，而今縮短到三秒鐘不到[33]。

食品溯源

食品溯源也影響環境、社會和公司治理因子（ESG）。不僅食品可獲得認證，證明不含某些殺蟲劑或荷爾蒙，工作環境和勞工待遇也會受到監測和認證。有些認證能附加至食品供應鏈上，例如石油輸出國組織（OECD）的「負責商業聯盟行為準則」（RBC）[34]，納入「聯合國工商企業與人權指導原則」（UNGPs）的各項標準。在銷售時能提出高度被信賴的認證，表示在生產時採用符合倫理的工作條件。

更廣泛而言，我們得以思考大宗商品的來源。根據大宗商品巨擘路易達孚集團（Louis Dreyfus Commodities）前首席執行長塞爾吉・紹恩（Serge Schoen）的說法，埃及棉的銷

---

32 Newsroom. (2019) 'Gartner Predicts 20% of Top Global Grocers Will Use Blockchain for Food Safety and Traceability by 2025', Gartner.com, 30 April 2019.

33 Miller, R. (2018) 'Walmart is betting on the blockchain to improve food safety', TechCrunch.com, 24 September 2018.

34 OECD. (2018) 'Policies for promoting responsible business conduct.' OECD.org, 2018.

售量是其他棉的兩倍……每年「埃及」棉售出的量是實際埃及產出量的兩倍[35]。假冒優質產品的動機無非是為了利，正好可利用區塊鏈對症下藥，確保產品的產地和品質。

加強協作

柬埔寨稻農在分散式帳本技術支持下聯合起來，確保他們的收成能賣出更好的價格[36]。整體而言，運用區塊鏈系統，有助於促進有效供需，以利在欠缺效率的食品製造業和批發配送過程中，提高公平性與透明度。

加快速度

區塊鏈有助於加快食品供應鏈的管理速度。商品大亨路易達孚集團利用區塊鏈技術，成功將批發買賣的交易時間減少了八〇％（在他們試辦的一個計畫裡，相當於六萬噸黃豆）[37]。把當前高度仰賴紙張與傳真的世界數位化，靠著唯有網絡技術才辦得到的方式讓世界相連後，區塊鏈讓全球食品供應的基本物流出現了巨變。

將區塊鏈應用到食品供應鏈，消費者可能得為此負擔更高的價格，但在產地近乎奴役的工作條件被緩解，儘管這可能會壓縮食品公司的獲利，直到他們配合數位化時代，合理化其勞動力，而這反過來又會壓縮工作機會，需要我們想辦法克服。但是總的來說，運用區塊鏈有助於實現平等、效率、食品安全。

強化系統

區塊鏈運用到能源和食品業之際，我們見到了在彼此相連的參與方之間，有了系統性解決與因應之道，這方法能夠根據不斷變化的環境以及新加入的生力軍，重新自我調配。不管是賞味期短的食品（如芒果），還是會被用完的能源（如一千瓦特的電力），現在都更能適應社會的需求，這多虧區塊鏈改善透明度、提高資訊交換的速度，以及分散管控權。

35 Personal interview with Serge Schoen, 15 September 2019, Veyrier, Geneva, Switzerland.

36 Ono, Y. (2018) 'Cambodian rice farmers turn to blockchain to gain pricing power', Nikkei.com, 27 August 2018.

37 Sahota, A. (2018) 'Can blockchain technology in the energy sector: A systematic review of challenges and opportunities', FoodNavigator.com, 29 May 2018.

我們也看見資本主義與共產主義這兩個理念竟能奇異地結合，因為生產方式更牢固地掌握在工人手中，同時許多小兵透過分散式帳本和代幣化交易（tokenised exchange）自動集結，不僅發揮集體談判能力，也將代幣與經濟成果相結合。例如，農民收成以代幣買賣，可以創造一種新的貨幣，該貨幣直接連結到產出的貨品或服務，因此在眾多小農互聯的網絡裡，價值交換不僅更透明，也更能被追蹤。

重點回顧

本章探討：

★ 溯源的概念、溯源為何重要，溯源在哪些領域很重要。

★ 區塊鏈在能源部門上下游的應用。

★ 食品安全和永續農業如何受惠於區塊鏈。

第七章

不動產、環境與自然資源

重點須知

- 將區塊鏈結合可存取的數據集（data set），有助於理解實體世界、改善與其互動。
- 可用更有效率和更見成效的方式購買、販售、開發和維護不動產。
- 透過分散式帳本技術，大幅提升環境、政策和經濟之間的連結。
- 黃金等自然資源和其他大宗商品能更容易交易。

在我們生活與來去其間的具象世界，我們正努力將這實體世界轉化成能輕鬆存取、溝通的數據集；而我們在某地或某空間進行的活動，能為區塊鏈提供嶄新的應用。舉例來說，不動產行之多年的做法，相關的數據，主要受控於壟斷定價訊息的供應商，他們擁有封閉系統和舊式的數據集。區塊鏈支撐的未來世界，分散的數據集能被廣泛分享與使用，或許還稍稍結合了人工智慧，讓數據能自我加分，變得更實用。這能夠加快資訊流的速度，最終提高貨品及服務的流動率，進而提升經濟產能以及降低成本。

我們採用的方式係根據這樣的想法：我們能找到辦法，將數位數據集附加到固定不動的實體物件上，或是附加到固定的地理環境。將具象而難以移動的物件賦予流動性以及較易操作的形式，我們打開了新的機會之窗。

不動產

不動產是大型的資產別，總金額超過兩百二十八兆英鎊[38]，但買賣向來限於龐大的物件（你何時聽過有人合法購入十英鎊的不動產？）但是有了區塊鏈和代幣化，我們能將不動產分割為小單位，作為投資、資產轉移、經濟分析之用，例如投資人能買下自己最愛咖啡廳的若干單位。小型不動產投資人的投資組合更分散更多元。或者也可根據自己對不動產的新見解，打造投資組合。此外，還會出現新穎的衍生性商品，以利穩定不動產市場或是管控風險。

進入區塊鏈時代，不動產買賣牽涉的手續與交易可被大幅簡化、減少成本。例如，現今的交易需要產權保證並明確交代產權鏈（chain-of-title）。實際上在進行不動產交易時，即便只是很簡單的購屋，也會造成可觀的費用和延宕現象，且這是普遍公認的現狀，更別說涉及多筆土地、多重用途的開發案。不動產交易也牽涉其他數據，諸如環境評估、財務記錄徵信。以區塊鏈為基礎而建置的系統，能大幅緩解不動產交易的複雜性與龜速問題。

在商業不動產界，區塊鏈有助於自動化整個交易流程。搜尋標的房產不僅費力，得到的數據集也太多，偶爾還互相矛盾，導致搜尋成效偏低，這問題可透過分散式帳本加以協調。交易前的盡職調查需要時間和心力。

各個分散獨立的數據，需要用受控的方式加以彙整、合併和傳輸。以環境評估報告為例，該報告詳述建築物底下是否存放有毒化學品、牆內是否含石綿。假設過去曾存在有毒

38 Barnes, Y. (2018) '8 things to know about the value of global real estate', Savills.com, July 2018.

物，但已被處理，那我們就要知道是何時處理、做了哪些處理、由誰執行，以及誰證明了該建築已安全無虞。有堆積如山的文件要看，使用區塊鏈有助於因應這樣浩大的工程。有關數據存取管控、傳輸配送、驗證訊息的品質，亦可由區塊鏈協助組織與管理。商業不動產另一個應用得到區塊鏈的地方是制定智慧且靈活的不動產租約，該租約能根據租客與房東的需求隨時調整，只要在分散式帳本內寫入程式——智慧合約[39]。

現在保險業以「新奇」方式與不動產做了異業結盟。例如，當年發生「九一一」恐攻時，據悉世界貿易中心的保單尚未簽署，這多少引起一些恐慌，業者不知是否得支付數十億美元給投保人拉瑞．希爾佛斯坦（Larry Silverstein）。雖然最後他收到三十多億英鎊的理賠，但保單給付範圍模糊不明之處，只能訴之官司，導致多方團體纏訟十多年[40]。如果使用由ＡＩ管理的智慧合約，由它受理保險的核保與理賠，就可省下可觀的時間、費用以及各種麻煩。

環境

有些數據大得無法負荷。當我們想到環境問題時，首先想到不分國界的空氣、水和土壤。就算將相關數據加以微調，仍超過當今最強電腦的運算能力。不過，有些可接受的變通辦法，能把不可能變成困難而已。例如，預報天氣時，採用的是接近實況的各項折衷數據——你靠一系列數據節點（而非連續不停的數據流），節點靠各地感應器收集數據，接著將數據輸入電腦模型，對於後續會發生什麼進行智慧推測。同樣地，我們也能將分散式帳本循序漸進地運用到環境系統管理。

事實上，天氣是區塊鏈應用一個有趣的實例。目前，世界各地的政府會資助業者蒐集關鍵天氣數據，用於預報天氣。民間企業也會提供天氣數據，有時靠衛星蒐集數據。民營氣象公司累積各種數據來源，並將天氣預測報告販售給客戶。聯合國旗下的「世界氣象組

---

39 Deloitte. 'Blockchain in commercial real estate: The future is here', Deloitte.

40 Stempel, J. (2015) 'World Trade Center developer gets new chance for damages', Reuters, 17 September 2015.

織」（WMO）負責協調共享各國的氣象數據。

不過，一旦你想結合官方資助的「免費」氣象數據與須收費的民營氣象公司，恐會面臨一些挑戰——畢竟雙方能接受的誘因不一致。棘手的不僅是數據來源，還包括如何妥善酬謝提供數據的小咖（micro-contributor），他們提供的數據錯落不齊，讓天氣模型益加複雜。使用代幣的區塊鏈平台能結合智慧合約以及封裝的天氣數據，有助於確認數據來源，並給予貢獻者相應的酬勞。

碳權（carbon credit）也是區塊鏈在環境管理領域裡派得上用處之處。碳權是一種概念，目的是利用市場力量減輕對環境的損害。簡單地說，碳權建立在某種形式的文件之上，碳權所有人能在固定期間內排放一公噸的二氧化碳（或等價物）[41]。背後的邏輯是，限制可排放的碳量，並為這些限制附加價值，整體汙染會減少。雖然碳權（碳補償（carbon offset））概念不乏反對者[42]，但也已在多個產業形成一股風潮。碳權需要仰賴數據、文件，和重複的多方交易與中介機構。構成碳權或碳補償的可攜式數據必須能被追蹤和可交換，因此很適合應用區塊鏈。其實，一系列早期實驗已試圖把碳權移至分散式帳本技術。

在講求永續發展的世界和環境裡，區塊鏈還有其他應用。舉例來說，許多公司被控「漂綠」（greenwash），亦即宣稱響應環保，或是比競爭對手更「環保」，卻提不出透明有力的證據。區塊鏈標榜的數位信任系統，可驗證企業對於環境影響所做的聲明是真是假[43]。

總之，區塊鏈對環保的角色已受到關注與重視[44]。區塊鏈的設計講求高度安全、透明、分散（去中心化）。以本質而言，成百上千的節點不斷對話，並為了運算各個區塊（如果是Corda這樣的分散式帳本）攪亂電腦的週期，因此區塊鏈非常耗能，是最不節能的運算機制之一。鑑於區塊鏈會大量消耗能源，因此將區塊鏈運用到永續發展方面，不免有些諷刺。大家已在探索各種解決方案，包含使用更有效率的演算法、使用再生資源，為區塊鏈提供電力。

---

41 Cooper, J. (2018) 'How carbon credits work', NativeEnergy.com, 9 January 2018.

42 Beder, S. (2014) 'Carbon offsets can do more environmental harm than good', TheConversation.com, 28 May 2014.

43 Denis Le Séve, M., Mason, N., Nassiry, D. (2018) 'Delivering blockchain's potential for environmental sustainability', ODI.org, October 2018.

44 Kite-Powell, J. (2018) 'Can Blockchain Technology Save The Environment?', *Forbes*, 1 December 2018.

自然資源

全球每年自然資源的市值大約是一〇二兆英鎊[45]，這些大自然提供的財富需要被追蹤、商品化和保護，在在得仰賴大家跨區提供數據。

自然資源的本質限制了它的可擴性與規模化，只有又大又有錢的集團才可能參與。舉例來說，典型的木材交易需要大片土地植林和長期租約（一百年），或是長達數十年後才開始見到預期的投資報酬率。投資人通常是家族企業、保險基金、主權基金、王室家族。不過區塊鏈能顛覆這一切，把流動性引入到一個原先不流動且不透明的資產別。

隨著全球強權圈的金融與政治動盪加劇，自然資源民主化的步調也跟著加速。為了讓監管機構和決策者更易接受比特幣，並超越一開始令人反感的印象，熱心積極的倡議者將比特幣與黃金相提並論，形容它是限量、可以保值的商品，猶如虛擬的貴重金屬或商品。不過，沒有必要為了讓貴重金屬成為另一種數位代幣而多此一舉。大眾已經把稀有金屬和數位代幣連動了。

在一些國家，利率已經降到負值，因此黃金又開始發光，受到投資人青睞。不過黃金慣有的問題依舊存在，包括安全性、可攜性、波動性和可轉讓性等問題。此外，它也有被政府沒收和監管的風險[46]。針對這點，中介機構及代理商崛起，協助購入、運送、儲存、交易與管理黃金資產。

進入區塊鏈。從可追蹤和交易的角度來看，區塊鏈作為一個代幣平台（該代幣有黃金支撐），可提供諸多好處。黃金永遠不會變成負值，最多歸零罷了。此外，設計周延的數位代幣與黃金連動，可享有類似的穩定性。

發行數位貨幣時，有時會嵌入商品價格，猶如某種型式的避險，以利穩定，例如「唯鏈幣」（VeChain, VEN）和 Tradecoin 幣，就是以黃金為其組成元素之一。其他黃金代幣則與金價本身緊密連動——稱為「單一性」（pure plays），有時會連結到金條或是金幣。藉著區塊鏈的可追蹤性，你能夠充分掌握與數位代幣連動資產的詳細資訊。

---

45 WWF. (2018) 'Living Planet Report 2018', WWF, 2018.

46 Phillips, J. (2016) 'China can and will confiscate gold from SGE, banks and Chinese citizens, when it suits them', Mining.com, 31 August 2016.

重點回顧

本章探討：

★與區塊鏈所在地點與空間相關活動的獨特性。

★應用區塊鏈加速不動產的投資及流動性。

★應用區塊鏈改善環境，包括碳權與永續農業。

★應用區塊鏈加速民主化自然資源的使用與管理。

第八章
組織與治理

重點須知

■ 在科技革新推動下，企業變遷的速度之快，傳統治理（管理和決策的方式）已跟不上。
■ 針對這問題，可藉區塊鏈技術，改善跨組織之間的協作。
■ 區塊鏈也能讓先前不存在的分散式組織成為可能。

區塊鏈的一大創新應用，也許是藉用其高度分散式的決策過程，重新定義（想像）所謂的組織。

開源運算（open-source computing）和高度分散式社群這兩大特徵，為區塊鏈的可擴展性提供了堅實基礎，把原本只是彙整事實和數據的平台，升級到可讓人類系統（human systems）煥然一新，變成靈活、創新、隨機應變的型態。組織愈來愈迫切需要迅速因應快速變遷的環境與市場，所以會有動機，採用不同的全新方式，讓群組與群組之間，行動時能協調與一致。

集結整個村落的力量

開源運算的誕生，起因於一些人不滿電腦軟體開發愈來愈企業化。一些協助定調電腦科技的第一代駭客裡，不乏美國一九六〇、七〇年代的反主流文化人士，懶散、崇尚自由的嬉皮。其中一個代表人物是電腦工程科學家理查．史托曼（Richard Stallman）[47]，他想用簡單的方式解決一個常見問題：共用印表機塞車時，能發個訊息給群組內所有人，這樣就有人會把它修好。他發現新雷射印表機的內建程式是「封閉式」，受到專利權保護（以免被篡改更動）。這件事，加上其他限制資訊交流的做法，讓他創造開放式的作業系統，也催生一個運動[48]。

繼史托曼之後，一九九〇年代的艾瑞克・雷蒙德（Eric Raymond）接續這條路。雷蒙德所寫的文章〈大教堂與市集〉（The Cathedral and the Bazaar）可說是搖旗吶喊，召集眾人推動他所稱的「開源」軟體運動，同時他也發布自己所創的開源作業系統 Linux[49]。以開源模式而言，程式的原始碼（即一行一行的指令）公開發布，供所有人免費使用。不過也形成一個慣例：如果有人做了改進，就要把這些改進內容，加到原本的程式碼裡，便於其他人使用。不同於微軟等有專利權保護的軟體授權模式，紅帽（Red Hat）等開源公司的營收主要透過販售服務和解決方案，提升開源軟體的普及率。

如此一來，有多人參與的大型專案問世，例如像 GitHub 這樣的共享平台，網羅來自世界各地的數千名軟體開發工程師上傳程式碼，以及改進程式碼的基礎，以利大眾的福

---

47 二〇一九年秋，史托曼因為對金融家傑佛瑞・艾彼斯坦（Jeffrey Epstein）的一些評論而被迫辭去在麻省理工學院和其他一些機構的職務。雖然這些插曲讓他蒙上了一些汙名，但無損他對電腦科學的貢獻。https://www.theverge.com/2019/9/17/20870050/richard-stallman-resigns-mit-free-software-foundation-epstein

48 Neary, D. (2018) '6 pivotal moments in open source history', Opensource.guide, 1 February 2018.

49 Raymond, E. (2010) 'The Cathedral and the Bazaar', catb.org, 18 February 2010.

祉。麻省理工授權條款（MIT License）是當今最普及的開源軟體授權條款，這是大家普遍看得懂的法律架構，讓大家知道如何管理軟體開發專案所衍生的智慧產權問題。

決定哪些可被收錄到開源碼數據庫（圖書館），係由軟體專案的主持人拍板定案。根據《開源指南》[50]，有三種最常見的模式：

（一）仁慈的終身獨裁者（Benevolent Dictator For Life）：一個人敲定關鍵決定，通常是建立專案的人。

（二）任人為賢（Meritocracy）：由一群對專案有實質貢獻的人負責決策，他們也握有投票權，決定改變與否。

（三）自由貢獻（Liberal Contribution）：當前最活躍的貢獻者負責做決定，而且以共識決方式（而非用表決）同意改變與否。

這三個開源管理模式常被區塊鏈專案拿來參考與應用，因為區塊鏈專案本身也常採開源碼。

區塊鏈僵局

區塊鏈專案（包含比特幣在內），採用的模式，以任人為賢制和自由貢獻制衍生的變體為主，結果兩者都導致意料之外的硬分叉，因為一如第一章所言，區塊鏈治理採民主化的決策過程。

的確，比較比特幣和比特幣現金，前者的市占率遠大於後者。

組織決策

我們把開源和區塊鏈的經驗與公式（模式）應用於組織管理時，未來一個反應快的組織可能是什麼模樣的輪廓慢慢浮現。

為什麼需要這樣的組織？

---

50 Opensource. 'What are some of the common governance structures for open source projects?', Opensource.guide.

技術普及的速度類似乘冪定律曲線（power law curve，基本上，每一種新技術普及的速度會愈來愈快）。例如電話花了一個世紀才普及於美國八〇%市場；全球網際網路則花了約二十年就達到類似水平；行動網路更快，僅花了短短幾年就達到同樣的滲透率。根據某些評量標準，比特幣的上升速度更快。

改變與改革的步調愈來愈快，讓我們遇到一個根本性挑戰，亦即我們在團體與公司裡，從決策、創意，乃至隨機應變，都跟不上發展一日千里、瞬息萬變的科技環境。如果一個大型組織為了一個嶄新的機會，需要花一年時間研究如何重新改造組織；花一到兩年時間落實改變；花一年時間學習如何在新架構下營運；總計三到四年時間。這麼一來，它怎麼可能來得及擁抱只需十二個月（或是三個月）就被大眾廣泛接受的新科技？我們怎麼會陷入這麼僵化，反應又如此龜速的狀態呢？

從十八世紀開始，蒸汽機這個最早出自古羅馬人設計的技術被改良升級，繼而被廣泛採用，加速了工業革命，創造了帝國，機器價格趨於平民化，讓全球數百萬人致富。為因應這個可高度規模化的生產時代而設計的組織系統，出現指揮與控制的架構，頂層是大老闆，底下是高度分工化的工人大軍。

於是出現泰勒主義（Taylorism）至上的風氣[51]。二十世紀初，亨利．福特（Henry Ford）旗下的生產線透過高度分工化的製造技術，輕鬆地複製車輛，生產數百萬輛汽車，這是利用高度分層組織模式，「大量生產」最知名的例子。

從混沌中走出來，迎向世界新秩序

第二次世界大戰爆發，卻也改造了組織設計。德國最高指揮部（German High Command）升級成「參謀總部」（general staff）的模式，其中高階軍官組成的委員會定出明確的職責，也合理地授權軍官，提供他們若干自主權。即便如此，我們仍看到命令與控制的心態：將軍在決策時可全權作主，但個別步兵仍是他們的炮灰。在戰後諾倫堡審判時，「我只是聽命行事」成了常見的辯護理由。

51 科學化管理之父佛德瑞克．泰勒（Frederick Taylor）講究時間與效率，有關他的管理理念可參考羅伯特．卡尼格爾（Robert Kanigel）所寫的 *The One Best Way*（MIT Press, 2005）。

在美國，開拓進取的勇氣與創新的精神很盛。正如德國海軍上將卡爾．鄧尼茨（Karl Dönitz）所說：「美國海軍之所以在戰時表現如此出色，係因戰爭這麼混亂，而美國人每天都在混亂中練習[52]。」或許他只不過是遇到陌生的行動模式，自己沒發現罷了。德國軍隊裡，有些人不屑地認為美國與同盟國打勝仗，不過是占了人數上的優勢，這說法呼應了艾里希．魯登道夫（Erich Ludendorff）將軍被控在第一次世界大戰犯了戰術上的敗筆，即美國人生產士兵的速度快過德國生產子彈的速度[53]。不過，有些軍事歷史學家指出，美國軍隊認真地鼓勵創意、第一線士兵的主動性、發揮自主權等因素，均有利盟軍打勝仗。美國軍隊網羅心理學家，由他們協助篩選特種部隊隊員，測試他們的創意和臨場應變能力[54]。事實上，美國特種部隊的非正式口號是「應變、適應、克服」。

大約四十年來，在第二次世界大戰戰場上所學的應變能力，在企業的高層會議上消失了，儘管這種發揮即興應變能力解決問題的方式，恰恰高度符合講究創新、高績效團隊的思維與行為。

諸如ＩＢＭ、全錄（Xerox）、艾克森美孚（Exxon）等跨國大企業，用僵硬而固化的組織圖，複製了命令——控制的結構。「組織人」（organization man）一詞被用來描述某種群體思維模式，在這種思維裡，「應聲蟲」（yes man）強化了最高層所做的一切決定。

一九七〇至一九九〇年代，隨著各項技術的出現，包括微電腦、更方便的通訊網絡、外包、企業流程再造工程、去集團化（de-conglomeratisation）等等，營運速度從以年為單位加速到以月、週、日，乃至以時為單位，因此新的組織模式應運而生。

進入矩陣

矩陣（Matrix）管理提升了組織的靈活度，以及「混亂」。在矩陣管理模式下，碰到某個專案要處理時，會先擱置傳統的組織架構。組織會從各部門徵調人員，他們會接受某

---

52 Goodreads.com, accessed 13 October 2019. https://www.goodreads.com/quotes/5678774-the-reason-that-the-american-navy-does-so-well-in

53 '9 Worst Generals in History.' Britannica.com, accessed 13 October 2019. https://www.britannica.com/list/9-worst-generals-in-history

54 Bronfenbrenner, Urie and Newcomb, Theodore M. (1948) 'Improvisations – an application of psychodrama in personality diagnosis.' *Sociatry*, Volume 4, 367-382.

人的領導與指示，但這人不見得負責他們的年度績效評鑑，只負責指導他們在專案的工作內容。這讓公司或組織更容易因應新的需求，並從組織各部門徵調符合專案需求的人力與能力。有些矩陣式團隊會存在數月或數年；有些較短期，可能幾星期就功成身退。

資訊系統努力想跟上人類系統以及人類的反常行為。等到組織的中央資訊部門重新給你一個存取數據的權限和許可，讓你能在矩陣團隊裡處理專案時，你可能早已調回到原先的部門。這樣的資訊衝突導致許多網路安全防護失靈，因為針對短期專案另外核發一個正式的權限，員工覺得若能使用一樣的密碼與登入方式，會更方便。結果無意之間，讓網路協定出現了安全漏洞。愛德華・史諾登（Edward Snowden）之所以能夠闖入美國國家安全局（National Security Agency）數據系統，很大程度是因為他稱自己是系統管理員，以協作之名，說服二十多位同仁交出安全認證給他。[55]所以把關的人，被誰監管呢？

新創公司面對瞬息萬變的環境，得隨機應變。因此許多公司偏好鬆散耦合的管理模式（loosely coupled），特色是授權，讓員工有高度的個人自主權和決策權。試圖把傳統數據模型應用在變化快速的新創公司，結果出現一系列的挑戰。

推進至全體

「全體共治」（Holacracy）是美國網路鞋店薩波斯（Zappos）推廣的管理模式。薩波斯由謝家華（Tony Hsieh）創辦領導，雖然公司現在已被電商亞馬遜收購，不過撰寫本書時，薩波斯在營運上仍有相當高的自主性。該公司嘗試採用比矩陣管理還自由的管理模式。謝家華希望完全取消層層的管理與協作。他建議採用名為「全體共治」的模式，也就是員工自己組織團隊和小組，迎戰挑戰與難題[56]。

一個真正被授權的員工，好處是，他對工作和表現結果，有更高的責任感，也更把工作當一回事。尤其對於想從工作中找到肯定與意義的千禧一代而言，「全體共治」這個新概念之所以吸引人，在於承諾員工可以擺脫自己只是龐大機器上的一個小齒輪，每天只能和沉悶的工作為伍。

55 Hosenball, M., Strobel, W. (2013) 'Exclusive: Snowden persuaded other NSA workers to give up passwords – sources', *Reuters*, 8 November 2013.

56 White, S. (2015) 'What is holacracy and why does it work for Zappos?', CIO.com, 5 August 2015.

一個完全民主化的組織，希望能在競爭激烈的環境中，持續實現大我的共同目標，難免會面臨嚴峻的挑戰，尤其在遇到危機或壓力的時候。

同時，為了因應高速發展的未來，大型企業設法改革與轉型，包括將權力下放，給予各單位和個人更大的決策自主權，並善用智慧型電腦系統，讓活動（activity）與行動（action）得以緊密結合，形成連貫的整體。

在薩波斯的全體共治模式下，公司內有個工作板，讓團隊張貼工作項目，員工張貼自己的技能，動態地分派人力，大家可以暢所欲言表達自己需要什麼樣的培訓，以便擴大或深化自己的能力。我在數年前參訪薩波斯，並會晤謝家華，目睹了充滿熱情與使命感的員工，也見識到有遠見的領導人。

全體共治很適合應用區塊鏈。區塊鏈反過頭來也會讓全體共治更加可行。由於智慧合約、分散式應用程式、人工智慧能與分散式帳本結合，資訊系統與數據治理模式能不斷地自我調整，因應隨時在變的需求，以及機構的組織架構。

有了正確建構的ＡＩ代理人，當區塊鏈內若要重新調整組織，可交由ＡＩ代為處理，ＡＩ會自動判定今天需要人類插手的事情。一般來說，當你從一個小組轉調到另一個小組，或臨時被分配到某個專案小組，ＩＴ部門得改變你的權限，決定你可以存取哪些數據，以及如何登錄。開通權限所需時間可能比你所在的專案小組還要久。ＡＩ引擎設計得當，能夠把開通權限的作業自動化。開通數據權限可以和這種動態重新調整相連結，以利提高數據的安全性與利用性。在分散式作業的時代，工作團隊廣泛地分散在許多地區，緊密相連的網路通訊有助於靈活性與作業順利。

＊

未來組織是否會建構在區塊鏈平台上，還不一定，不過無疑會讓未來組織更有效率。去中心化的決策過程面臨的挑戰之一是，活動彼此之間會喪失協調性。在複雜的系統中，這會導致僵局和混亂，因為不知道組織其他人在做什麼，或是自己的工作如何與更大的整體搭配，有時彼此的工作還會互相掣肘。若能快速地互通訊息、協調訊息，有助於解決混亂現象，達到預期的目標與結果，諸如按時完成某個專案、與更大的戰略計畫同步進行。

區塊鏈凌駕在組織之上，能夠解決跨機構問題，涵蓋非營利、個人、營利行為者，因此有更大的重要性和影響力。交易系統可能涵蓋多個行為者，這些參與者都受到營利動機支配，反觀社會系統則實施多層面（偶爾互相衝突）的條件。第三部將探討這些牽涉多方利害關係人的系統，以及區塊鏈對社會的影響。

重點回顧

本章探討：

★開源碼管理模式被應用於區塊鏈專案與協議。

★當今的組織結構相較於過去的傳統組織結構，如命令—控制模式對照於矩陣管理模式。

★區塊鏈和ＡＩ如何提升「全體共治」等分散式管理模式的效能。

第三部

社群與社會

第九章
教育

重點須知

- 教育機構有助於區塊鏈革命，並繼續提供區塊鏈動力。
- 大學的核心產物——文憑與證書，可借用區塊鏈改善。
- 全新的教育方式尤其適合區塊鏈的理念和技術。

教育既是孕育和扶植區塊鏈創新的搖籃，同時也是區塊鏈（許多應用尚在摸索階段）的受益對象。

話說從頭

比特幣基金會（Bitcoin Foundation）破產後，麻省理工學院（ＭＩＴ）支持基金會的核心開發者，並出資贊助數個專案，讓比特幣得以續命，以及進一步發展。基金會倒閉後，沒想到比特幣價格開始飆漲，創造了新一代的比特幣億萬富豪。不久之後，ＭＩＴ加載了區塊鏈應用程式，並在北美一所大學裡開啟第一個瑞波幣驗證者節點（validator node，存在於瑞波幣網絡，確保流經該節點的數據完整無誤）。而建立在以太坊平台的專案也陸續問世。我在北美成立第一個金融科技研究所課程時，在梅爾登．狄米洛爾堅持下（她當時還是ＭＩＴ學生），課程命名為ＭＩＴ未來商務學程（MIT Future Commerce），並將課程挪到線上，讓一百三十多個國家可連線上課。在這期間，我們看到新創公司暴增，積極利用區塊鏈這個新技術。不僅ＭＩＴ，許多大學也躍躍欲試，諸如史丹福、普林斯頓、劍橋、新加坡國立大學。

有件事也許較少人知道，在比特幣規模化之前，多虧ＭＩＴ資助，比特幣才未倒閉消失。在二〇一四年，比特幣開始壯大，不再只是業餘玩家或是極端偏執狂心儀的少眾產品，而是逐漸成為商業以及其他應用的要角之一。其他協議也陸續被開發。隨著比特幣交易量增加，政府也愈來愈關切這個新型數位貨幣的使用情形，擔心會用於非法交易。MIT教授艾力克斯・潘特蘭、約翰・克利平格〔John Clippinger，當時任職於哈佛大學伯克曼中心（Berkman Center）〕和我三人主辦一個非正式會議，會議名稱是「數位資產的生態學：身分辨識、信任與數據」，與會者包括企業領導人、投入比特幣圈的新創公司主管、政府與學界人士。約翰隨後和幾名與會者到佛州溫德霍佛（Windhover）主持另一個活動，會後發表「溫德霍佛原則」[57]（Windhover Principles），包括一組指引，規範交易、數位錢包，以求合乎反洗錢與「認識你的客戶」等規定。

若少了溫德霍佛原則，比特幣會面臨被政府執法機構下架的嚴重風險。若無法將法定貨幣和比特幣互相兌換，溫德霍佛原則的實用性會嚴重受限，也許不過是一張廢紙，淪為讓人好奇是啥物的不起眼東西，而非引導產業方向前進的利器。有了溫德霍佛原則，其變體被全球幾個主要交易所寫入服務條款，讓政府看到比特幣圈追求合規的誠意與努力。

---

57 Token Commons. 'Windhover principles for digital identity trust data', Token Commons.com.

監管單位提供比特幣圈創意人士非正規但實質的協助與空間，讓他們放手實驗各種創新，不會大力干預。史坦・史托內克（Stan Stalnaker）率先在他的「集線中心」（Hub Center）使用溫德霍佛原則，把HubID（一個獲得驗證的數位身分系統）連接到唯鏈幣（Ven），唯鏈幣是早期進入數位貨幣市場的鏈幣之一。[58]

不過數十年前，拜占庭共識以及其他分散式數據庫應用，就已率先用於學術界。如果少了網絡系統、賽局理論、分散式決策過程、密碼學等研究成果，區塊鏈不可能誕生，因為這些都是把區塊鏈化成可能的關鍵組件。甚至有人推測，中本聰是學界人士，而非出自民間企業。

今天世界各地的學術機構持續升級區塊鏈的技術。主要的協議和一系列的頂尖學術中心擁有正式或非正式的連結。企業支持區塊鏈技術應用於開源碼聯盟，並提供資金與應用的實例，打造區塊鏈基礎設施。更多學術專案變成新創商機，不僅被商業性新創公司與企業的創新項目應用，也被非營利機構重用，利用區塊鏈從事社會公益。機構也善用開源程式碼，針對分散式帳本技術，將其進一步升級、延伸，做出更多發明。

遞迴與證書

學術界不僅提供諸多想法與技術，成功實現區塊鏈革命。學術界也一直受惠於區塊鏈的一些應用。所以回過頭來，我們可以應用區塊鏈，為學術界製造的核心產品把關。

我指的不是「區塊鏈博士學位」課程。依我之見，這些課程對研究生反而是弊大於利。你今天不會聽到有人吹噓他們是「ＨＴＭＬ博士」或「ＵＮＩＸ博士」。博士學位應該代表這個人從理論到能力，都非常廣博。諸如電腦科學博士或數據庫系統博士等學位，應該能為某人服務數十年而非短短幾年。

其實，我較感興趣的是把區塊鏈應用於證明學歷的真假：包括學位、文憑、證書等等，以及就學的成績單。許多就業單位有最低學歷的要求；有些公司則規定求職者必須修過某些課程，或是平均成績得在幾分以上。這些都需要仰賴學術機構的認證，證明該生的確入學，完成課程、學程，或取得學位。

---

58 Personal interview with Stan Stalnaker, 18 October 2019, Hamilton, Bermuda.

已有企業爆出學歷造假的醜聞，包括根本沒有從自稱的學校畢業，甚或沒就讀該校。對許多雇主而言，要核實每一位員工的學歷甚至成績，實在耗時、耗錢、負擔過重。因此到底學歷是真是假，只好採用榮譽制（即便不是硬性規定，至少是實質做法），這對多數員工也許可行，但是也為一些不擇手段的人開綠燈，讓他們有了不勞而獲的可乘之機。

區塊鏈為學術成績單真假提供不錯的解決方案。已出現多家區塊鏈認證公司，為學術成就證明進行數位化驗證（我們的牛津線上課程也使用這樣一個系統）。區塊鏈可以為已完成的課程、收到的成績，提供不容篡改的記錄，而且會自動登錄，省去聯繫註冊組、支付申請費、等待數天或數週，直到對方回傳文件等過程。

需要多個利害關係人參與驗證與核實證書，這也是區塊鏈適用的另一個原因。證書當然必須由大學或學術機構核發。此外，牽涉的人包括學生、教師、認證機構（國家標準機構）、雇主、貸款人、（一個或數個）政府機構。所有參與者都必須仰賴百分之百真實的證書，這種數位真相得靠加密技術，確保記錄永不被篡改。

未來大學

也許更讓人興奮的應用之一是，區塊鏈結合其他技術，會如何改寫未來的教育體驗。大學教育不光只是坐在教室裡聽課。課外活動與社區服務是寄宿教育最刻骨銘心的元素之一。受教期間，最念念不忘的經驗是和小組或團隊合作無間，合力解決問題。

大學教育不光只是坐在教室裡聽課，有個例子可供參考。一個名為「駭客馬拉松」（Hackathon，簡稱駭客松）的活動，參加比賽的團體要在短時間內解決一個或多個指定的問題。駭客松已成許多技術教育與商業教育的常態性課程，也出現在創意藝術領域。駭客馬拉松出現的頻率愈來愈高，邀請分散在世界各地的人，在同一時間共同解決同一個問題。甚至還有參與者百分之百分散在不同地點的駭客松，提供跨地域、跨文化的多元觀點。

教育駭客松這樣的分散式團隊，愈來愈像未來的工作形態，員工可能因為特定專案而聚集在一起，集思廣益解決問題。傳統的公司可能先攻占一個市場與一個國家，等到擴大規模後，再打入更多的市場或地區。反觀新一代的新創公司，在公司早期階段，就同時攻占多個國家與地區。

在這些高度分散的企業裡，我們要如何管理資訊流？在新事業成形的階段，我們該如何優游於知識產權（IP）、所有權之間的細微差異？如何做出決策？這些問題已夠棘手，雪上加霜的是，又碰上團隊組員分散在不同地點，該怎麼辦？

也許區塊鏈可以提供解藥（它並非解決每個挑戰的萬靈丹），但是或許能更快速地就關鍵問題達成一致決定，特別是在分散式的環境下。區塊鏈可以確定新想法的主人身分，以及新事業成形時牽涉的其他面向。也許是駭客松給的靈感，「大學產學新創公司」（university spin-out）[59]開始募資，並獨立作業，而區塊鏈透過新穎有趣的方式，可用於管理股東。呼應上一章討論的分散式組織，更高層級的股東治理可以依賴區塊鏈的共識演算法。管理階層可能不會向董事會呈報關鍵決策，而是向分散在各地的股東交代，這些股東能透過電腦網絡，迅速就某個行動方案達成結論。

想法與人

追根究柢，大學的兩個產物：想法與人。在想法與作育英才這兩個面向上，大學經常彼此合作，透過研究計畫、學生與研究員交流計畫。這類活動互相取經、截長補短，有助於孕育新領域、新思維、新實力。在個別研究員或研究小組層面，這些交流更綿密、更普及。不過當互動規模愈來愈大，大學之間的交流成了摩擦的主要來源之一。知識產權歸誰、資金流管理等問題，導致延宕、分心、破壞，以致遲遲無法達成共識。

這麼多有爭議的知識產權數據流在區塊鏈平台上一一被馴服。也許未來大學的跨校合作可以凝聚在區塊鏈的保護傘之下，透過演算法以及分散式帳本，自動處理想法流與資金流的細微差異。

從學界到社會

在多數已開發國家，不少人會念大學與研究所。在發展中國家，多虧更進步的數位平

59「大學產學新創公司」指的是大學轉移技術或想法給新創公司。通常參與研發技術或想法的教授和學生能在新公司裡發揮一定的角色，儘管不見得每天都要上工。

台、不一樣的資訊傳播方式（例如透過行動通訊網路），因此愈來愈多人可接受中學教育以及更高等的教育。

這些網路通訊以及連線系統，若能和區塊鏈結合，能夠進行審計、追蹤、管理、治理等功能，把數以百萬計的水滴，匯入社會這一片大海。他們出現的時間正值我們走到歷史的關口，民主制度受到駭客攻擊；臉書等數位技術導致公共論述支離破碎，不利形成有凝聚力的國家；我們對政府的信任跌至谷底，一如過去民怨沸騰走上革命之路時的翻版。不斷擴大的貧富差距惡化了資本主義的金權政治現象，平均每六個鉅富，卻握有全球最窮五○％人口的所有財富。

在歷史的關鍵當口，區塊鏈技術漸趨成熟。

重點回顧

本章探討：

★ 區塊鏈的關鍵元素一開始如何受到學術圈扶植。

★ 可應用區塊鏈驗證與核實學術證書。

★ 利用區塊鏈以及其他技術，會影響與定調分散式大學的上課體驗，亦可加速落實想法的時間。

第十章
政府

重點須知

■ 最近政府機構遭遇的凌厲攻擊，可用分散式帳本緩解。
■ 政府政策的利器之一（法定貨幣），透過區塊鏈系統，變成數位貨幣，稱為「央行數位貨幣」。
■ 許多國家正在改造政府部門（包括法律與稅收單位），而區塊鏈技術是討論的核心。

政府現在站在轉型的關口，一邊是敲鑼打鼓的新技術，一邊是民眾的要求。弔詭的是，這種破壞式創新與民眾不滿的聲音，可能催生另一個啟蒙時代，一如當年工業革命提升民眾的識字率與財富。享受這些成果之前，社會經歷了流血與革命，數百萬工人工作一輩子卻落得流離失所。不識字民眾挨餓，識字的人變成新中產階級。而今我們是否也面臨類似的重大時刻？整體而言，技術（特別是區塊鏈），能如何緩解進展（或革命）對社會造成的衝擊？

人類文明也不過只有一萬多年的歷史（就我們所知而言）。我們一開始組成狩獵團體和部落，繼而是城邦、國家乃至帝國。在古希臘，有人提出一個概念，讓大家對於城邦的決策，擁有投票權（只要這個人是男性、擁有足夠財產、超過一定年齡等等）美國實驗代議制民主的過程中，反過來影響一七八九年的法蘭西第一共和以及其他國家。這個政府的祖先從雅典獲得靈感，就連美國首都的建築，也是採用希臘羅馬式設計。

政府本身多多少少代表人民的意志。一個政府若無法充分做到這點，遲早會被另一個更能實現這概念的政府所取代。有人主張，美英兩國政府因為漠視自動化、縮編、外包、企業再造等造成的勞工失業問題，導致足夠數量的選民心生不滿，而讓川普（Donald Trump）與強森（Boris Johnson）順利當選。他們並非傳統的候選人與政治人物。

除了民主……

描述政府時，我對文化的相對性，保持高度的警覺性。儘管本章的內容主要是描述區塊鏈對於代議制以及議會式民主有哪些承諾，但我也會順便提一下，區塊鏈對於其他形態的政府有哪些應用。

俄羅斯曾經試過傳統的民主制度，但對結果似乎不滿意，因此又恢復傀儡式獨裁統治，由小圈子裡的寡頭權貴掌控經濟大權，也全權掌控政府。管理這種體制的政府，可以透過區塊鏈減少當局貪腐，改善監督成效。

中國似乎已從字面描述的共產主義社會，進入到西方資本主義社會，享有資本主義諸多經濟好處，但沒有實施和資本主義社會一樣的選舉制度。這類型政府可應用區塊鏈，保障政府的穩定性。中國創造了所謂「社會（信用）評分」（social score），數據會顯示民眾是否與鄰居充分合作，遵守執政黨的指令等等。你的社會（信用）評分會影響你的就業、旅遊許可等等。中國的社會（信用）評分可交給區塊鏈進行審計以及受到保護，讓政權更穩定。儘管西方民主國家可能認為，中國政府對人民的這套做法令人反感，但中國人可能反過來對英美的民主「奇觀」指指點點，擁戴自己政府維穩的做法。中國的新數位貨幣可能威脅美元作為世界儲備貨幣的霸權地位。

民主沒落？

讓我們想想區塊鏈在民主政體與共和制國家的可能用途。在英美，我們看到實打實的雅典式民主的精神。美國新英格蘭的「與民有約」（town meeting），或是英國的「市民會議」（town hall），讓選民站出來，和親友以及鄰居辯論或交換意見，行使直接民主。

撰寫本書期間，西方民主受到圍剿。資訊自由流通，以利人民有知的權利，但卻爆發「假新聞」、網軍，大量民眾被子虛烏有陰謀論洗腦等現象。民眾投票的結果因為電子投票機爭議而被推翻。

這是數十年來溫水煮青蛙後的大反撲。第四權——為選民提供訊息的自由媒體，已被ＩＧ、部落格、電視新聞朗朗上口的聲刺（sound bites）所閹割。民意調查曾經是評估選情的手段，隨著共和黨黨工在一九八〇年一次地方選舉使用「誘導式民調」（pushpolling）後，民調成了一種宣傳拉票的手段，廣被全球候選人接納與利用。[60]

而今操控選民的手段愈來愈高明、細膩。正如瑞秋・鮑伊恩頓（Rachel Boynton）執導的重要紀錄片《危機女王》〔*Our Brand is Crisis*，後來改編成劣質劇情片，由珊卓・布拉克（Sandra Bullock）主演〕所指，焦點團體（focus groups）訪談最高明、最有效的一招是，定義訊息、傳播訊息、透過所謂「研究對手」（opposition research）編造更多負面消息，這樣的公式已編成冊並出口到全球。一批超會選舉的選將精心設計訊息，誘導選民，希望能號召自己候選人的支持者，同時也打壓對手的選情。

我們對機構的信任已被徹底掏空。每個人現在都能連線電子媒體，卻發現它被敵國入侵破壞。我們把演算法、數據分析、社會影響力，應用到國家機構最內部的核心單位，而今我們看到使用ＡＩ、社群網絡後，回音室（echo chambers，同溫層）充斥陰謀論與假新聞。但是ＡＩ與社群數據分析工具雖會製造混亂，若能和區塊鏈的信任系統相結合，說不定能給我們一個存善念、烏托邦式的未來，讓我們距離理想的政府又更近一步。

---

60 D'Ambrosio, A. (2008) 'Lee Atwater's Legacy.' *The Nation*, 8 October 2008.

區塊鏈與投票

世界不少地方仍在使用過時又老舊的電子投票機器，幾乎是一安裝就幾乎該被淘汰。呼籲改善投票安全的呼聲沒人理會，更糟的是，還被刻意漠視。對選票安全喪失信心，可能導致投票率降低，進而質疑政府當選的合法性。

在多個國家，會讓選民手指沾上不褪色墨水，用這類粗糙辦法避免選民重複投票，確保選舉公正，不舞弊。

區塊鏈搭配ＡＩ與新一代的生物識別技術，可大幅改善選舉的安全性與可信度。選民有信心自己投下的一票會被正確記錄，會影響選舉結果，人民的意願在演算法把關之下，得以展現。

民選政府（尤其在民主國家與共和制國家）仰賴信任與透明度。例如，選民希望投票時，他們的選票會被正確而誠實地納入計算。美國最近的幾次選舉顯示，有人擔心選票的設計方式，選票的記錄方式，以及被計算的選票如何被驗證等等。

已有國家試著用區塊鏈記錄選票，試辦背後的理論是選民會更相信區塊鏈系統，因為認定自己的選票會被正確納入計算。但是這技術也衍生新的問題。以麻州波士頓一家區塊鏈投票技術公司「Voatz」為例，有人一致認為這新創公司的區塊鏈平台能抵擋得了駭客入侵。但是安全專家對於選票入鏈前的訊息感到憂心，稱若駭客能夠接管某人的手機，發動所謂「中間人攻擊」，亦即駭客位於手機與記錄選票的帳本中間，就可能透過電腦動手腳。

另一種駭客手法是在某人的手機換張不同的圖像，讓手機主人以為自己投了某人一票，其實是投了另一個候選人。因此區塊鏈帳本雖然仍可以正確記錄上鏈的數據，但是數據可能在更上游的地方被動手腳。

因此數據質量的問題再次出現。這是區塊鏈圈最忌諱討論的問題之一，卻也是最迫切需要解決的問題，畢竟我們已開始應用區塊鏈的解決方案，尤其是應用於金融服務、健康醫療與政府治理等領域。有效的區塊鏈投票系統必須聚焦在安全與數據質量這兩大問題上，否則會降低民眾對它的信任。

央行數位貨幣

發行和管理貨幣是政府最讓人稱羨，也最寸步不讓的特權之一。實際上，政府財務與政府債是資助國家施政、計畫的重要工具，也負擔政府所代表的社會，因此要善加管理。可以理解各國政府正嘗試發行數位貨幣：央行數位貨幣（CBDC）。不同於公開、無須授權的區塊鏈比特幣以及以太坊，央行數位貨幣是須授權的區塊鏈。支持CBDC的人士認為，央行數位貨幣有助於金融的普惠性、提高透明度、降低貪腐、提高民眾的信任感。

然而，若我們無法充分考慮銀行在整個金融體系的角色，發行CBDC可能面臨根本性問題。

MIT教授亞歷克斯・利普頓（Alex Lipton）主張「通貨迴路理論」（theory of monetary circuit），[61]解釋貨幣如何從無到有，原來貨幣不是靠政府製造（出乎大家預料吧）。沒有錢，政府就印更多鈔票，這會造成通貨膨脹；這些貨幣最終會分散到等量的經濟價值。不過通貨迴路理論認為，貨幣由銀行製造。用最簡單的話來說，我們看一下銀行支付的利息與利息收入，一出一進的價差。銀行以很低的利息向中央銀行借錢，然後用於資助銀行的活動。當客戶把錢存到銀行，銀行會得到一些利息收入（先別管最近的負利現象），這收入高於銀行付給中央銀行的利息。另一個客戶向銀行貸款，銀行用存款作為放貸的資金，銀行放貸的利率高於付給存款戶的利率。兩個利率之間的價差（付給存款戶的利息以及收到放貸戶的利息）催生了新通貨。可以說，經濟價值是銀行創造的。

若社會不存在零售銀行（retail banks），你可以把錢存在ＣＢＤＣ，向ＣＢＤＣ所在的區塊鏈貸款，透過智慧合約、自動分期還款，那麼哪兒可以創造新貨幣？在ＣＢＤＣ的世界裡，零售銀行的角色是什麼？使用ＣＢＤＣ的區塊鏈系統，要麼支持、要麼取代創造新通貨的系統。零售銀行的關鍵功能可以有兩個發展，要麼被全新系統複製或取代，或是重新改造ＣＢＤＣ，不讓它取代銀行的關鍵功能。例如，中國大陸提議人民幣硬幣（RMB coin）作為央行數位貨幣，該ＣＢＤＣ完全是一種批發型貨幣（wholesale instrument）。零售銀行以一〇〇%票面價值購入數位人民幣，然後直接提供給消費者。

61 Lipton, A. (2015) 'Modern Monetary Circuit Theory, Stability of Interconnected Banking Network, and Balance Sheet Optimization for Individual Banks.' https://arxiv.orglabs:1510.07608

其他設計也是可能的，但是不管什麼情況，都需要有一種手段創造新通貨（新價值），一如利普頓的通貨迴路理論，而非簡單的複製通貨。

法界自動化

政府透過法律與規定落實政策與原則，而今這些法律與規定的詮釋權交給了個人以及法院裁示。不論美式或英式法學，論證仍是法律的基礎架構。有書面文字，諸如契約、刑法、民法、法規，至於條文所代表的意義，則由各造的代表人進行辯論。辯論的形式是你來我往互相反駁（想想訴訟或刑事指控，最後在法庭上攻防）。官司走到最後，還是得靠人解讀原委以及法律條文，靠人給個決定與裁示。

法律目前的機制可以透過區塊鏈改造，亦即一種稱為「智慧合約」的東西。智慧合約是為了讓區塊鏈更彈性、更實用。我們之前說過，這名稱其實與事實不符，因為智慧合約既不智慧，也非合約，其實不過是一組指令，在特定情況下執行。智慧合約是電腦程式，只有起碼的自主性。

我有位同事老愛說，法律是最古老的電腦程式，在律師與法官這個效率奇低的硬體上執行運算。如果我們從字面上理解這異想天開的想法，並對這套法律系統進行破壞式創新，結果會如何？

法律界已應用所謂「演算法發現」（algorithmic discovery），將這辦法應用到複雜的官司。大型律師事務所與企業使用先進高階的電腦軟體，在數百萬頁的文件裡抽絲剝繭，找出有用的關鍵訊息，不用再動員律師團，辛苦地爬梳整理這些文件。AI機器人積極地搜尋數據庫與社群媒體網站的訊息，協助打官司。運算社會科學（computational social science）已被應用於分析與選擇陪審團成員。利用演算法分析借貸與消費模式，藉此判定金融機構是否符合公平性以及金融普惠的規定。就連侵犯人權的官司，都會用到衛星圖像、AI圖像分析等技術，尋找種族滅絕的罪證。技術已愈來愈快地滲透到法律界。

如果我們進一步整合技術與司法系統，把智慧合約與DApps變成實際的演算法或運算法，不知會如何？如果達成法律協議意味兩造建立成對的演算法（paired algorithm），可以自動驗證與裁決爭端，然後用數位代幣付款，那會怎麼樣？在這種模式下，法律原則的精髓可變成電腦程式碼，程式碼可以和其他程式碼一起加入網絡，如此一來，法律協議的所有細節都可被自動化。如果區塊鏈是網絡的平台，讓演算法（電腦執行）得以在鏈上執行，那會如何？

這些想法乍聽之下匪夷所思，其實不然。

確實，許多機構的電腦程式工程師和律師攜手合作制定運算法，設法把法律變成代碼。未來已近在眼前，只不過分布並不平均。

課稅

政府與區塊鏈產生交集的熱區（hot area）是開源，尤其是稅收。繳稅與徵稅講求信任與透明度。稅收通常是政府的核心收入，稅入能否持續，攸關政府服務民眾的能力，包括醫療保健、司法、農業補貼等等。徵稅既是政府的特權也是命脈，有了稅收才能為施政提供資金。

稅制結構與逃稅問題是全球都面臨的挑戰，尤其是新興經濟體。一些新興經濟體，例如非洲，繳稅率（在GDP的占比）大約是富國俱樂部「經濟合作發展組織」（OECD）

三十六個國家平均值的一半，[62]阻礙政府撥款資助重要基建與社福計畫。換言之，這些非洲國家的課稅效率（稅收是政府提供必要服務的核心收入）只有ＯＥＣＤ核心成員國的一半。一些人認為，繳稅率這麼低，係因人民對政府嚴重缺乏信任，擔心繳出去的錢會挪做他用，中飽貪官汙吏的私囊。[63]在已開發國家，每年有大批會計師與律師在應課稅的所得稅、繳稅、退稅的結構與申報上，竭力鑽研。

課稅的例子顯示這個流程會重複、可預測、一問一回應、牽涉多個利害關係人，過程中信任與透明度很重要，一有差池，龐大的資金恐付諸流水。難怪控制全球八〇％會計市場的「四大」會計師事務所，都在研究區塊鏈應用於稅務的可行性。

政府也參與討論。在區塊鏈支持的繳稅制度裡，稽核可能只需數秒或數分鐘，以及區區美元幾分錢的手續費（想想區塊鏈所需的龐大運算力，這費用少得可以），反觀傳統稽核有時需數百萬英鎊以及幾個月時間。政府的ＡＩ演算法可以聯繫納稅公司的ＡＩ，使

---

62 OECD. (2018) 'Revenue Statistics in Africa', OECD.org, 2018.

63 Reality Check Team. (2019) 'Nigeria: Why is it struggling to meet its tax targets?', BBC, 8 September 2019.

用區塊鏈安全而權威地回應對方提出的問題，雙方都可省下號召大批人力所需的財力與時間。

回歸直接民主

除了改善投票與選舉系統、協助執法、讓人民如實報稅支持社會計畫之外，區塊鏈若用於公投會如何？我們選出民代，因為我們選民沒有足夠時間與充分知識治理國政。人工智慧、大數據分析等搭配區塊鏈，可擴增選民的能力，他們可以仰賴加密的可靠訊息，作為決定與判斷的依據，並在政府的區塊鏈平台，直接表達自己的意志。

在我們有生之年，可看到百分之百的直接民主，民主化的規模，是蘇格拉底和狄摩西尼（Demosthenes）想也沒想過的。區塊鏈結合其他新一代技術，有助於我們人類社會現存的組織機制跟得上科技的巨輪。

但是我們所講的，都還是根據今天存在的技術。我們談論的區塊鏈功能，儘管目前尚未應用在日常生活中，但有可能在短短幾個月之內或是至多幾年後，成為可用的應用。

技術與社會的巨輪不斷前進，下一個大躍進是什麼？當我們把眼光看得更遠時，可能會看到分散式帳本在大躍進裡扮演一個角色或是主角。最後一章將預測更遙遠的未來會發生什麼，對照時間表，現在的我們猶如久遠以前的恐龍。

重點回顧

本章探討：

★資訊時代，大家失去對政府的信任。

★區塊鏈有助於恢復大家對選舉公信力的信任。

★發行央行數位貨幣的機會，以及隨之而來的一些問題。

★結合ＡＩ、數據分析、區塊鏈，提升法治與稅收等核心政府角色。

第十一章
未來前景

重點須知

■ 更相連的世界意味更多的數據、更複雜的數據，可用區塊鏈協助管理。

■ 結合擴增實境、3D列印等技術，搭配分散式帳本，開發更多的可能性。

■ 在短短數十年之內，我們可以利用百分之百分散技術改造社會，二十四小時不斷線、隨叩隨回，造福人類。

我們現在要再深入些、再走遠一些，馳騁在想像世界裡，想想分散式帳本還有哪些潛力。預測是出了名的困難，對專業的未來學家也不例外。我想到一個笑話：經濟學家在過去預測十一次經濟衰退，但實際上只出現三次，損龜八次。

我們討論的內容絕不會僅限於區塊鏈，這就像只用矽這麼一個原料製造手機。的確，矽是微處理器的關鍵元素，但你還需要金或鉭製作電路、塑料、加工玻璃製作觸控螢幕，需要鋰製作電池等等。同理，未來會看到區塊鏈系統與人工智慧、網絡化通訊、先進的數據分析等技術密不可分，甚至會結合量子運算、智慧聚合物、奈米科技，以及只有天馬行空科幻寓言家想像得到的技術。

我最寶貴的記憶之一是小時候睡前父親讀床邊故事給我聽，內容涵蓋冒險、偵探與科幻。我和自己的小孩也用床邊故事為一天劃下句點，我們不打任天堂遊戲，不看YouTube影片，我們最愛的睡前故事都是自己編的，每個人想出一句話，然後交給下一個人接棒，每晚虛構一個完全不同的角色與花花世界。

我為什麼要和大家分享這段個人經歷呢？因為創新科學告訴我們，童年天馬行空的想像力與創造力，同樣有助於我們開創新事業，孕育改變商業與社會的創新點子。傳統學校教育經常讓我們偏離與生俱來的創造力與想像力；標準化考試壓縮了發揮創意的空間。未來的社會以及人類面臨的全球性問題，都需要有創意、有想像力的領導人，需要他們發揮兒時的創意，建立一個更美好的未來。

我發現一個有趣的現象：助攻區塊鏈的數學與演算法，之所以突飛猛進，係因研究員想讓搭載太空船的火箭更安全。這些研究員協助我們人類持續進軍外太空，也讓我們持續發揮想像力之旅，一起建立共善的社會。一如小時候虛構想像的世界，現在我們也不妨想像在區塊鏈的浩瀚銀河裡未來世界的模樣……

互聯世界

未來世界裡，看到的、摸到的一切東西都裝了小小的晶片，連上無所不在的通訊網絡。今天的世界是未來版互聯世界（Connected World）的前身，例如無線射頻識別系統（RFID）標籤、普及的「物聯網」（把實體物件連上數位網絡）。在互聯世界，每個物件、每個設備都互相連線，提供我們今天只能夢寐以求的洞察力與能力。想像一下這樣的世界：城市裡每個物件都在傳輸數據，以利更精準地預測天氣，告知塞車的路段，協助汽車改道，讓交通更順暢；想像社會利用AI模型預測犯罪，改善治安，讓人民生活得安心。隱私權、老大哥、害怕遭駭客攻擊、擔心獨裁統治，這些都自然而然地從我們當今世人的視野中流露出來，但是區塊鏈既能讓互聯世界成真，也能為隱私數據提供更完善的保護。

互聯世界也善用更強大的運算力。以今天新款汽車為例，車上安裝七十多個車載電腦。想像一下，當這些汽車電腦閒置（例如停好車子），可以用來創造、維護、分析，已和我們日常生活密不可分、無所不在的區塊鏈網絡。這個網絡的可擴性超出你的想像。與物聯網搭配的大規模分散式運算，可以延伸到所有微處理器，這些微處理器已在我們生活大大小小的電子產品中出現，包括嬰兒監測器、冰箱、交通號誌、空調系統等等。

我曾與英特爾前執行長一起參加晚宴，我聽說他們大力補貼，讓許多市場能以非常低廉的價格安裝可連網的微處理器。這些科技主管認為，自己公司的未來寄望在這些微處理器串起的網絡，以及在網絡上流通的數據，而非硬體本身。在一九八〇年代，英特爾大轉彎，捨棄銷售記憶體晶片的營運模式，改售微處理器（形同電腦的心臟）。微處理器產業的競爭愈來愈激烈，隨著製造技術不斷升級，英特爾失去原有的競爭優勢，所以考慮轉向，經營附加價值更高的數據應用。英特爾再次轉向，進入數據驅動的未來，這似乎與我所描述的「互聯世界」非常相似，互聯世界最大的價值來自於協助互聯的數據應用程式發揮功能（一如區塊鏈上的DApps），而非只是簡單地讓連接到該網絡的硬體能夠作業。

互聯世界不僅提供我們另一個取得數據的管道，讓我們認識自己的生活與工作，也能夠用高度分散、動態的方式，運算這類數據。影響所及，我們的環境對我們的需求會更敏感並做出反應，我們的社會也能更快速地適應變化。

擴增世界

可相連的數位設備愈來愈普及，加上更高階的ＡＩ崛起，一種另類現實可能誕生。在這現實裡，微電腦一直跟著我們，告訴我們周遭世界發生了什麼。幾十年來的夢想〔擴增世界（Augmented World）〕正在逐漸成形，預期未來幾年會開始滲透到我們的日常生活。

擴增世界能與互聯世界相得益彰。在擴增世界裡，我們的生活因為數據流被即時分析與重新建構，繼而在我們的視野中被重新回播，讓我們的生活更豐富精彩，只要植入式設備或是數位眼鏡就辦得到。過程中，我們能進一步了解周遭的世界，因為我們周圍隱藏的數據流現在都被攤在陽光下了，讓我們對世界有更深的洞察力，並據此做出更好的決定。

假設我們在開車，抬頭顯示器（HUD）警告我們，一輛車突然變換車道插入我們的車道，我們（或是開車的AI）可以立刻採取行動因應，避免車禍發生。假設我們路過一家商店，看到需要的東西正在拍賣，我們可以根據擴增世界，知道該產品的存貨情況。如果我們生病了，或是周遭有人生病了，擴增世界可以偵測到症狀，推薦干預措施，避免病情惡化。身體安全、商業、健康，都可在擴增世界裡得到改善。

在擴增世界裡，個人數據在網絡的安全與保障可以靠區塊鏈確保。擴增世界有諸多好處，但也因為數據方便存取與分析，讓我們面臨網路安全的風險。透過量身訂做的分散式帳本結合AI形成的混合式系統，可以安全地集合取自這些擴增互動設備上傳的數據，並從中受益，卻不會出現不當風險。

在擴增世界裡，甚至有這樣的可能性：可以透過分散式帳本數據系統結合個人化（量身打造）的AI機器人，中介並改善我們與他人的互動。我們專屬的AI機器人透過學習，知道我們的偏好與需求；透過每天和我們的簡單互動，了解我們的行為方式以及需求。這個AI機器人能夠自動地與代理其他人、公司、系統的AI機器人互動，提升（延展）我們表達自我的能力，而且延展的範圍愈來愈大。這些互動的安全性可以靠先進的區塊鏈與加密技術提供。

被改造的世界

在被改造的世界（Adapted World），我們可以擁有量身打造的商品與服務。你能想像的任何東西都可以被模板化，然後儲存在區塊鏈上。有些是開源碼（免費開放給世界），有些可能要收取高額的權利金或使用費，這些收費模板將用於驅動奈米製造設備。與其登錄亞馬遜，網購新的電鍋或微波爐，等個幾天或一週後才收到貨，不如連上模板，讓奈米機在幾分鐘內生產完畢，區塊鏈會自動追蹤知識產權的使用權限，撥款並稽核該付的權利金。

分散式社會

當今跨國公司有自己的私人保全隊伍，例如航行在公海上的郵輪。有些公司甚至發行自己的數位貨幣，讓數十億人（被傳統官方系統排拒在外的人）得以進入金融系統，這是社會的重要功能之一。政府本身也在思考，如何將區塊鏈整合到政府的核心功能，諸如發行貨幣、投票、分配政府的福利、課稅等等。

如果我們打造一個分散式社會，用意想不到的全新方式，把各國政府和民眾凝聚在一起，共同關切面臨的問題，那會怎麼樣？區塊鏈以及類似區塊鏈的治理機制提供一種方式，能存取數百萬乃至數十億人的智慧，發揮集體智慧，在世界各地開出好花好果。

這樣的社會是什麼模樣？一百年前，我們只能模糊想像我們的世界若有了電動車、行動通訊、基因工程、探索外太空的火箭之後，會是什麼模樣。這些天馬行空的想法理應是英國科幻小說家威爾斯（H.G. Wells）以及法國小說家朱爾·凡爾納（Jules Verne）等人的專利，而今卻充斥在我們的實體世界。

分散式社會努力把無固定形狀、抽象，但強大的東西，變成可用。這個分散式機制利用成百上千人的智慧，集體解決問題或是預測未來（初步研究顯示，集體的聰明才智遠大於個人）。我們可能會接近皮耶·德亞·德·夏爾丹（Pierre Teilhard de Chardin）想像的烏托邦世界，在這烏托邦裡，大家的思想以和諧的方式彼此相連，集體將人類文化推升到更高階的意識，以便所有人都受益。我們可能看到社會出現了尚來不及命名的東西與現象，可能是新的商業模式或新的社會形態，至於這些如何改善我們人類的生活，我們這才開始懵懂地掌握一些狀況。

如同詹姆斯．卡麥隆（James Cameron，電影《魔鬼終結者》、《阿凡達》導演）所言，未來是我們創造出來的。

重點回顧

本章探討：

★互聯世界如何打開我們不一樣的視野。

★擴增世界如何提供我們與周圍世界互動的新方式，透過更快地存取數據，增進我們的功力。

★被改造的世界如何反過來改變有形世界與我們的互動方式。

★建立分散式社會的意義是什麼？

結語

本書得以完成得歸功於一群學生給我的靈感，感謝他們發揮想想力，開發、落實、推廣偉大又具顛覆性的區塊鏈技術與金融創新。

本書提供讀者基本的概念，解釋區塊鏈的作業方式，列出如何將區塊鏈應用到工作、生活與社會。這些只是基礎，你可以從這裡出發，繼續向外延伸更多的可能。你可以花個幾天消化深思從本書得到的靈感。可以和親友聊聊、號召同仁，甚至自己創業，成立下一個區塊鏈獨角獸。

無論哪種情況，改變的力量掌握在各位手中。技術並非只是發生在我們身上的東西，我們創造了區塊鏈，我們可以決定它的用途，也可以決定它做不了什麼。

接下來要帶著區塊鏈去哪裡？

答案操之在你們手上，我希望你們各個都能充分利用它。

謝辭

我要感謝我的編輯湯姆・艾斯克（Tom Asker），我的經紀人利亞・史匹羅（Leah Spiro），感謝他們協助我以超短時間完成此書，破了自己的記錄。為了盡快出書，我請一小群好友率先試讀，包括湯姆・艾斯克、John D’Agostino、Amias Geretyliver、Goodenough、Linda Jackson-Holmes、Adele Jashari、Rene Landers、Jane Thomason與Deborah Webster，感謝他們挪出寶貴時間，冷靜地檢查本書的內容與想法。我感謝健康區塊鏈專家法蘭克・里科塔（Frank Ricotta）與Susan Ramonata，讓本書的第五章保持在正軌上，不至於失焦。感謝Johanna Afrodita Zuleta協助，讓封面增色不少。堅毅不懈的E.J. Bliner協助我保持責任感，讓我每天筆耕不輟，時間表被寫作占滿。

我有幸與世界前五大名校中的兩所名校——麻省理工學院與牛津大學的思想泰斗合作，在合作的過程中，我協助兩間大學民主化他們新一代的教學內容，推廣至一百三十多個國家。我看到一些了不起、讓人意外的想法，從充滿想像力、合作無間的區塊鏈專家中湧現出來。麻省理工學院的艾力克斯·潘特蘭（Alex Pentland）教授與牛津大學賽德商學院的彼得·圖法諾（Peter Tufano）院長是這一路下來的領頭羊。但對於推廣區塊鏈，還有許多人功不可沒，不僅限於被世界頂尖研究型大學入取的幾千名菁英而已。如果沒有梅爾登·狄米洛爾（Meltem Demirors）作為催化劑和經常鬥嘴的合夥人，我的區塊鏈之行永遠不可能展開。

看到令人難以置信、充滿活力、創意十足的學生，將複雜的想法轉化為現實，令人不得不謙卑。我也目睹他們的創意與創新技術被應用在社會各層面，諸如金融、食品、航太、能源、政府治理，帶來一系列令人驚豔和意想不到的結果。

我也要感謝各位讀者，謝謝你們花了幾小時，閱讀本書。我期待聽到你們的意見回饋，說說怎麼應用這些想法。

——二〇一九年十月於瑞士洛桑

辭彙表

演算法（Algorithm）：一組電腦程式指令。

反洗錢（AML）：規範金融機構如何防範犯罪資金被移轉，常合併「認識你的客戶」（KYC）。

人工智慧混合系統（Artificial intelligence hybrid systems）：一種新型人工智慧系統，結合人類與機器，理論上一加一性能大於個別使用。

擴增實境（Augmented reality）：利用數位數據強化人類對現實的體驗，通常會疊加在「真實」世界的圖像或影像之上。

大數據系統（Big data systems）：這種系統能夠處理大筆、快速（變化迅速）、多元（種類非常不同）的數據。這種大數據相較於傳統數據，管理與運算起來更為複雜。

比特幣（Bitcoin）：一種去中心化的數位貨幣，並非由政府發行，而是由電腦網絡提供，在名為區塊鏈的數據庫上操作。

區塊鏈（Blockchain）：分散式帳本，使用特定機制確保數據庫完整，尤其是區塊內每筆交易會用數學方式證明交易的完整性（例如工作量證明）。第一個區塊鏈是為了比特幣而誕生。

拜占庭共識（**Byzantine consensus**）：一種數學手段，確保各方可以信任某個出爐的結果，但無須彼此信任。

央行數位貨幣（**CBDC**）：由政府發行與控制的加密數位貨幣，不同於比特幣等加密貨幣，因為後者的發行單位是個人與企業構成的網絡。

指揮與管制（**Command-and-control**）：高度集中的管理或治理方式，由一個人或少數人負責所有關鍵決定，組織其他成員負責執行。

共識（**Consensus**）：一種演算機制，須多方做出一致決定，例如是否接受新數據進入區塊鏈這樣的數據庫。

密碼學（**Cryptography**）：是數學，把純文本或易讀的訊息變得難讀，讓未經授權的人看不懂，藉此提高訊息的安全性。

分散式應用程式（**DApps**）：例如那些根據以太坊協議寫出的分散式應用程式，亦即程式被片段化，分散到分散式網絡裡相連的許多電腦上執行，而非集中在單一電腦上執行。

衍生性商品（**Derivatives**）：金融工具，價值建立在底下其他的資產。他們從這些資產中「衍生出」價值。例如，一個簡單的衍生性商品被稱為「買權」（call option），代表在某特定期間，有權利以某個特定價格買入某個特定資產。這種「買權」用於對某資產的價格會向某個方向移動（上漲或下跌）下賭注。

分散式帳本（Distributed ledger）：一個有許多副本的數據庫，副本彼此會自動更新。

橢圓曲線加密（Elliptic curve encryption）：一種非常有效又安全的加密方式，用於比特幣區塊鏈。

以太坊（Ethereum）：一種區塊鏈協議，提供一個作業系統，可在上面執行分散式應用程式。

扁平檔案（Flat file）：線性數據流（一串文字），一個字符在另一個字符之後依次排列（扁平狀），不同於關係型（二維）數據庫，諸如甲骨文或思愛普（ＳＡＰ）數據庫，或是「大數據」數據庫，如 Hadoop。

檔案粒度（Granularity）：將訊息拆解成猶如砂礫那麼精細的小單位，彷彿聚焦在一粒砂礫上。

雜湊（Hash）：將一個數字轉化成另一個數字的數學運算子，常用於加密，藉此隱藏原始數字。

高頻交易（High frequency trading）：高頻交易，簡稱ＨＦＴ，是由超高速電腦系統代勞的金融交易，買賣通常可以幾分之一秒內完成。據信高頻交易占所有交易量至少五成以上。[64]

64 Breckefelder, J. (2019) 'Competition among high-frequency traders, and market quality.' ECB Working Paper Series, No. 2290: June 2019.

全體共治（**Holacracy**）：一種分散式的企業管理方式，特色是流動的工作團隊，也沒有正式的領導或主管。

首次代幣發行（**ICO**）：全稱是「Initial coin offering」，一種向大眾出售代幣的管道，通常不受傳統監管單位規範與審查。撰寫本書時，多數監管機構已將此類發行定義為證券發行或是另外為代幣買賣新增一個專門類目。

不易竄改（**Immutable**）：不可改變；永久不變；不易篡改是區塊鏈的核心特徵。

認識你的客戶（**KYC**）：全稱是「Know Your Client」，要求金融機構驗證客戶身分，包括蒐集和核實客戶某些資訊（如姓名與地址）。經常與反洗錢（AML）合併討論。

帳本（**Ledger**）：記錄保存系統，在區塊鏈平台是一個數據庫。

閃電（**Lightning**）：優化區塊鏈交易的軟體，大幅提升交易速度，將複雜的運算分解成更小的片段，放在鏈上節點之外的子集執行，進而減少運算的複雜性。

矩陣管理（**Matrix management**）：一種企業管理模式，針對某個專案或任務，把一群人組織起來，不採用傳統的組織架構圖，所以不會指派專案的負責人，指導組員的工作與任務。但組員仍會根據傳統的組織架構圖，接受績效評估與管理，因此進入一個「矩陣」，每個人不只一個老闆，包括任務主管與任職單位的上司。

梅克爾樹（Merkle tree）：代表數據流的一種數學結構，可以確保數據的完整性；若有人試圖改變「樹」的某個部分，整棵樹會毀，顯示有人動手腳企圖改變數據。

挖礦（Mining）：在加密貨幣帳本裡增添新的區塊，過程中會產生更多的貨幣。挖礦時須投入複雜的數學運算。

奈米機器（Nanomachine）：一種微觀機器，通常可高度擴展，具自我複製的潛能。

網絡理論（Network theory）：透過安排，讓電腦系統的設備彼此互聯的一門學科。

節點（Node）：連接到區塊鏈網絡的伺服器，靠軟體把區塊鏈網絡加載到節點上。

牛津區塊鏈技術架構（OBSF）。

開放原始碼（開源碼）（Open-source）：一種開發程式的方式，開發者可以獲得免費的原始碼（或基本指令），但使用之後，得承諾開放升級後的程式，以便所有人都能共享這公共資源的好處。

試辦專案（Pilot project）：對一項技術展開小規模測試。

匯集資金（Pooling money）：把分散的資金集合在一起，成為一筆資金池，然後把這筆錢用於可從中受益的標的。

工作量證明（Proof of work）：實現拜占庭共識的一種機制，共識是比特幣區塊鏈進行交易的基礎，增加各節點的演算難度係為了阻止駭客攻擊，不易透過大規模攻擊（名為「Sybil」攻擊）癱瘓區塊鏈網路。其他協議可能會使用其他共識演算法，如股權證明。

協議（**Protocol**）：允許網絡中的節點（加入網絡的電腦）相互交談和交換訊息的指令組。

溯源（**Provenance**）：資產歷任的所有權人或產權人，「證明」它出自哪裡。

量子密碼學（**Quantum cryptography**）：一種使用量子電腦的高級加密方式。

關係型數據庫（**Relational database**）：數據庫裡的數據元素係根據彼此之間的關係而描述。例如，生日數據庫裡有某人的出生日期，這是一個數據元素，另一個數據元素是某人的名字，兩個元素互相參照。

瑞波（**Ripple**）：以區塊鏈為平台的系統，國際網絡用於結算、兌換貨幣、處理滙款。底層協議名為XRP。

安全港（**Safe harbor**）：監管機構指導下，允許企業從事哪些活動，讓公司可以放手探索或嘗試新的活動。

證券（**Securities**）：金融工具，用於代表特定資產，也可被交易。

結算與清算（**Settlement and clearing**）：將證券所有權從一方轉移到另一方。結算（交割）指的是支付購入證券的錢（或其他付款方式）；清算則是更新該證券的所有權記錄。

影子銀行（**Shadow banking**）：非銀行金融系統，從事類似銀行的活動，但不在傳統的金融監管體系之內。

智慧合約（Smart contract）：一組指令，滿足某些條件時，區塊鏈上的應用程式會執行這些指令。

泰勒主義（Taylorism）：由腓德烈・溫斯洛・泰勒（Frederik Winslow Taylor）倡議的一種管理形式，注重效率與嚴謹的時間管理。受到美國實業家亨利・福特等人推崇與推廣。

代幣（Token）：在區塊鏈脈絡下，代幣有幾個意義：一，可儲值或價值轉移的機制；二，受到金融當局監管的數位證券。

代幣化交易（Tokenised exchange）：有多種意義：一，買賣區塊鏈代幣的市場平台；二，使用區塊鏈代幣的證券交易平台，自動結算和清算被交易的證券（不一定完全是區塊鏈代幣證券）。

價值鏈（Value chain）：一組相互關連的活動，可以創造（或「增加」）產品的價值。

價值移轉（Value transfer）：把資金從這方轉移到第二方，第二方可能把資金再轉給第三方。西聯匯款（Western Union）就是這樣的第二方，接受某地轉來的錢，然後轉給另一地的人。

溫德霍佛原則（Windhover principles）：一些加密貨幣公司採用的一套自我監理準則，解釋他們在處理比特幣等加密貨幣時，如何遵守AML與KYC法規。

參考資料

BOOKS

Hardjono, Thomas, Shrier, David L. and Pentland, Alex (2019) *Trusted Data*. MIT Press: Cambridge, MA and London, UK.

Jakobsson, M. and Juels, A. (1999) 'Proofs of Work and Bread Pudding Protocols (Extended Abstract).' In Preneel B. (ed) *Secure Information Networks*. IFIP — The International Federation for Information Processing, vol 23. Springer, Boston, MA.

ARTICLES

Androni, M. et. al. 'Blockchain technology in the energy sector: A systematic review of challenges and opportunities.' February 2019. https://www.sciencedirect.com/science/article/pii/ S1364032118307184#s0090

Barnes, Y. '8 things you need to know about the value of global real estate.' July 2018. https://www.savills.com/impacts/market-trends/8-things-you-need-to-know-about-the-value-ofglobal-real-estate.html

BBC. 'Nigeria: Why is it struggling to meet its tax targets?' 8 September 2019. https://www.bbc.com/news/ world-africa-49566927

BIS Research. 'Blockchain technology in financial services market – Analysis and forecast: 2017 to 2026.' (Online Executive Summary). https://bisresearch.com/industry-report/blockchain-technology-market-2026.html

Britannica. '9 Worst Generals in History.' https://www.britannica. com/list/9-worst-generals-in-history

Bronfenbrenner, Urie and Newcomb, Theodore M. (1948) 'Improvisations – an application of psychodrama in personality diagnosis.' *Sociatry*, vol 4, 367–382.

CNBC.com. 'Blockchain issues primarily around process, culture and regulation: Expert.' *The Sanctuary*, 25 January, 2018.

Cooper, J. 'How carbon credits work.' 9 January 2018. https://nativeenergy.com/2018/01/how-carbon-credits-work/

D'Ambrosio, A. 'Lee Atwater's Legacy.' 8 October 2008. https://www.thenation.com/article/lee-atwaterslegacy/

del Castillo, M. 'Gavin Andresen now regrets role in Satoshi Nakamoto saga.' 16 November 2016. https://www.coindesk.com/gavin-andresen-regrets-role-satoshi-nakamoto-saga

Deloitte. 'Blockchain in commercial real estate.' https://www2. deloitte.com/us/en/pages/financial-services/articles/blockchain-in-commercial-real-estate.html

Dem, N. and Kim, K. 'CFTC official to Congress: Don't be "hasty" with crypto rules.' 18 July 2018. Coindesk.com

Desjardins, J. 'The oil market is bigger than all metal markets combined.' 14 October 2016. https://www.visualcapitalist.com/size-oil-market/

Ellsmoor, J. 'Meet 5 companies spearheading blockchain for renewable energy.' 27 April 2019. https://www.forbes.com/sites/jamesellsmoor/2019/04/27/meet-5-companies-spearheadingblockchain-for-renewable-energy/#4b4fca38f2ae

Financial Times. 'Craig Wright's upcoming big reveal.' 31 March 2016. https://ftalphaville.ft.com/2016/03/31/2158024/craig-wrights-upcoming-big-reveal/

Frantz, Pascal and Instefjord, Norvald. 'Rules vs Principles Based Financial Regulation.' 25 November,

2014. https://ssrn.com/ abstract=2561370 or http://dx.doi.org/10.2139/ssrn.2561370

Gartner. 'Gartner predicts 20% of top global grocers will use blockchain for food safety and traceability by 2025.' 30 April 2019. https://www.gartner.com/en/newsroom/ press-releases/2019-04-30-gartner-predicts-20-percent-of-top-global-grocers-wil

Ghose et al. 'Digital disruption: How FinTech is forcing banking to a tipping point.' March 2016. https://www.citivelocity.com/ citigps/digital-disruption/

Good Reads. 'Karl Dönitz quotable quote.' https://www.goodreads. com/quotes/5678774-the-reason-that-the-american-navy-does-so-well-in

Hicks, J. 'Can blockchain technology save the environment?' 1 December 2018. https://www.forbes.com/sites/ jenniferhicks/2018/12/01/can-blockchain-technology-save-the-environment/#688c3925233b

Hosenball, M. and Strobel, W. 'Exclusive: Snowden persuaded other NSA workers to give up passwords – sources.' 8 November 2013. https://www.reuters. com/article/net-us-usa-security-snowden/ exclusive-snowden-persuaded-other-nsa-workers-to-give-up-passwords-sources-idUSBRE9A703020131108

IBM. 'Streamline transactions and tap into new revenue sources with IBM Blockchain.' 2018. IBM.com

IEA. 'Global energy investment stabilised above US$1.8 trillion in 2018 but security and sustainability concerns are growing.' 14 May 2019. https://www.iea.org/newsroom/news/2019/may/global-energy-investment-stabilised-above-usd-18-trillion-in-2018-but-security-.html

Jones, B., Jing, A. 'Prevention not cure in tackling health-care fraud.' December 2011. https://www.who.int/bulletin/volumes/89/12/11-021211/en/

Juniper Research. 'Blockchain deployments to save banks more than $27bn annually by 2030: On-chain settlement costs to fall by 11% compared with current levels.' 1 August 2018. JuniperResearch.com

Lamport, L., Shostak, R. and Pease, M. (1982) 'The Byzantine Generals Problem.' *ACM Trans. Program. Lang. Syst*. 4 (3): 382-401.

Le Sève, M., Mason, N. and Nassiry, D. 'Delivering blockchain's potential for environmental sustainability.' October 2018. https://www.odi.org/sites/odi.org.uk/files/resource-documents/12439.pdf

Lipton, A. 'Modern monetary circuit theory, stability of interconnected banking network, and balance sheet optimization for individual banks.' 2015. https://arxiv:1510.07608

Madigan, B. 'Blockchain innovation: Opportunities, challenges and policy implications.' 17 October 2019. https://www.ripple. com/insights/blockchain-innovation-opportunities-challenges-and-policyimplications/

Marchant, Gary E. and Allenby, Brad. 'Soft law: New tools for governing emerging technologies.' *Bulletin of the Atomic Scientists*, 2017, 73:2, 108-114, DOI: 10.1080/00963402.2017.1288447.

Marketwatch. 'The global food and grocery market size is expected to reach US$12.24 trillion by 2020.' 27 August 2018. https://www.marketwatch.com/press-release/the-global-food-and-grocery-retail-market-size-is-expected-toreach-usd-1224-trillion-by-2020-2018-08-27

Miller, R. 'Walmart is betting on the blockchain to improve food safety.' 24 September 2018. https://techcrunch.com/2018/09/24/ walmart-is-betting-on-the-blockchain-to-improve-food-safety/

Nakamoto, S. 'Bitcoin: A peer-to-peer electronic cash system.' 2008. https://bitcoin.org/bitcoin.pdf

Navigant Research. 'Advanced energy market hits $1.4 trillion.' 21 April 2017. https://www.navigantresearch.com/news-and-views/advanced-energy-market-hits-14-trillion-part-1

Neary, D. Opensource.com, '6 pivotal moments in open source history.' 1 February 2018. https://opensource.com/article/18/2/pivotal-moments-history-open-source

OECD. 'Policies for promoting responsible business conduct.' 2018. https://www.oecd.org/investment/toolkit/policyareas/responsiblebusinessconduct/

OECD, 'Revenue statistics in Africa.' October 2018. http://www. oecd.org/tax/tax-policy/brochure-revenue-statistics-africa.pdf

Open Source Guides, 'What are some of the common governance structures for open source projects?' https://opensource.guide/leadership-and-governance/#what-are-some-of-the-common-governance-structures-for-open-source-projects

Phillips, J. 'China can and will confiscate gold from SGE, banks and Chinese citizens, when it suits them.' 31 August 2016. https://www.mining.com/web/china-can-and-will-confiscate-gold-from-sge-banks-and-chinese-citizens-when-it-suits-them/

Pyments.com, 'P2P payments find fresh fuel as the 2020s loom.' 14 August 2019. https://www.pymnts.com/digital-payments/2019/peer-to-peer-payments-zelle-paypal-venmo/

Sahota, A. 'Can blockchain build a sustainable food industry?' 25 May 2018. https://www.foodnavigator.com/Article/2018/05/28/Can-blockchain-build-a-sustainable-food-industry#

Stapczynski, S. and Murtagh, D. 'The future is now for LNG as derivatives trading takes off.' 20 January 2019. https://www.bloomberg.com/news/articles/2019-01-20/ the-future-is-now-for-lng-as-derivatives-trading-takes-off

Stempel, J. 'World Trade Center developer gets new chance for damages.' 17 September 2015. https://www. reuters.com/article/us-usa-sept11-wtc-damages/world-trade-center-developer-gets-new-chance-for-damagesidUSKCN0RH2MA20150917

Stevens, L.M. 'Gemstones market is expected to grow at a CAGR of 5% over 2018–2026.' 18 April 2019. https://africanminingmarket.com/gemstones-market-is-expected-togrow-at-a-cagr-of-5-over-2018-2026/3811/

Storrow, B. 'Effort to trade gas for hydropower in northeast meets reistance.' 22 May 2019. https://www.scientificamerican.com/article/effort-to-trade-gas-for-hydropower-in-northeast-meets-resistance/

Takahashi, D. 'The making of the Xbox: How Microsoft unleashed a video game revolution (part 1).' 14 November 2011. Venturebeat.com

The Cathedral and the Bazaar. http://www.catb.org/~esr/writings/cathedral-bazaar/

The Conversation. 'Carbon offsets can do more environmental harm than good.' 28 May 2014. https://theconversation.com/carbon-offsets-can-do-more-environmental-harm-than-good-26593

Archeology, 'The World's Oldest Writing.' May/June 2016.

Token Commons, 'The Windhover Principles for digital identity.' 21 September 2014. https://

tokencommons.org/Windhover-Principles-for-Digital-Identity-Trust-Data.html

White, S.K. 'What is holacracy and why does it work for Zappos?' 5 August 2015. https://www.cio.com/article/2956721/what-is-holacracy-and-why-does-it-work-for-zappos.html

World Wildlife Fund. 'Living Planet Report 2018.' https://www.worldwildlife.org/pages/living-planet-report-2018

Yukako, O. 'Cambodian rice farmers turn to blockchain to gain pricing power.' 27 August 2018. https://asia.nikkei.com/Business/Technology/Cambodian-rice-farmers-turn-toblockchain-to-gain-pricing-power

Yurina, V. 'Cryptocurrency Transaction Speed as of 2019.' 31 May 2019. https://u.today/cryptocurrency-transaction-speed-as-of-2019

PAPERS

Ackerman, A., Chang, A., Diakun-Thibault, N., Forni, L., Landa, L., Mayo, J. and Riezen, R. (2018) Project PharmOrchard of MIT's Experimental Learning 'MIT FinTech: Future Commerce.' White Paper August 2016. Available at SSRN: https://ssrn.com/abstract=3209023

Breckefelder, J. (2019) 'Competition among high-frequency traders, and market quality.' ECB Working Paper Series, No 2290: June 2019.

Odlzyko, A. (2016) 'Origins of Modern Finance: New evidence on the financialisation of the early Victorian economy and the London Stock Exchange.' Working Papers 16028, Economic History Society.

知識叢書 1106

區塊鏈完全攻略指南：區塊鏈是什麼？會如何改變我們的工作和生活？

BASIC BLOCKCHAIN: What It Is and How It Will Transform the Way We Work and Live

作　者—大衛．史瑞爾（David L. Shrier）
譯　者—鍾玉玨
編　者—張啟淵
資深企劃經理—何靜婷
封面設計—兒日
內頁排版—極翔企業有限公司

董事長—趙政岷
出版者—時報文化出版企業股份有限公司
108019台北市和平西路三段二四〇號四樓
發行專線—（〇二）二三〇六六八四二
讀者服務專線—〇八〇〇二三一七〇五．（〇二）二三〇四七一〇三
讀者服務傳真—（〇二）二三〇四六八五八
郵撥—一九三四四七二四時報文化出版公司
信箱—10899台北華江橋郵局第九九信箱
時報悅讀網—http://www.readingtimes.com.tw
法律顧問—理律法律事務所　陳長文律師、李念祖律師
印　刷—勁達印刷有限公司
初版一刷—二〇二一年十月二十二日
初版五刷—二〇二二年七月十一日
定　價—新臺幣三六〇元
（缺頁或破損的書，請寄回更換）

時報文化出版公司成立於一九七五年，
並於一九九九年股票上櫃公開發行，於二〇〇八年脫離中時集團非屬旺中，
以「尊重智慧與創意的文化事業」為信念。

區塊鏈完全攻略指南：區塊鏈是什麼？會如何改變我們的工作和生活？/大衛．史瑞爾(David L. Shrier)著；鍾玉玨譯. -- 初版. -- 臺北市：時報文化出版企業股份有限公司, 2021.10
面；　公分. --(知識叢書；1106)
譯自：Basic blockchain：what it is and how it will transform the way we work and live
ISBN 978-957-13-9473-2 (平裝)
1.電子商務 2.電子貨幣 3.產業發展

490.29　　110015536

ISBN 978-957-13-9473-2
Printed in Taiwan